Udo Dittfurth · Dr. Michael Braun
Berliner S-Bahn-Museum

W0248901

# Die elektrische Wannseebahn

## Zeitreisen mit der Berliner S-Bahn durch Schöneberg, Steglitz und Zehlendorf

Wannseebahnhof Lichterfelde West, 1955 mit Trinkbrunnen. Foto: R. Schulz

Gesellschaft
für Verkehrspolitik und Eisenbahnwesen
Verlag GVE

Postkarte, um 1910: Archiv S. Hilkenbach

**Die Wannseebahnhöfe – Stationen der Geschichte**

Der eigentliche Ausgangsbahnhof der Strecke, der Wannseebahnhof am Potsdamer Platz in Berlin, existiert heute nicht mehr, ebenso die alte Station Großgörschenstraße. Sie wird seit Jahrzehnten durch einen provisorischen Bahnhof ersetzt, der 1939 entstand und den Namen Yorckstraße trägt.

In Zehlendorf und Wannsee hielten Eisenbahnen schon 1838, als die ersten Dampfzüge fuhren, in Steglitz ab 1839 und in Lichterfelde seit 1872. Der Bahnhof Friedenau entstand 1874, im selben Jahr das alte Bahnhofsgebäude in Schlachtensee.

Die Stationen Nikolassee, Mexikoplatz und Botanischer Garten – ihre Empfangsgebäude zählen heute zu den schönsten in Berlin – wurden zwischen 1902 und 1909 eröffnet. Die Bahnhöfe Schöneberg, Feuerbachstraße und Sundgauer Straße entstanden 1933 und 1934.

# Die elektrische Wannseebahn

**Zeitreisen mit der Berliner S-Bahn durch Schöneberg, Steglitz und Zehlendorf**

**Redaktion**
Udo Dittfurth (Autor), Dr. Michael Braun (Co-Autor), Frank Böhnke, Karl-Heinz Gräßer, Dieter Kaddoura

**Textbeiträge**
Gisela Wüsthoff, Hansjörg Beyer, Markus Hellwig, Sigurd Hilkenbach, Eberhard Rohde, Ehrenfried Welzer

**Mitarbeit**
Steffen Buhr, Matthias Gibtner, Mathias Hiller, Frank Lammers, Michael Müller
und Mitglieder der Gruppe Berliner Stammtisch Eisenbahn („BSE")

**Bildnachweis**
Titelfoto: Sundgauer Straße – Matthias Winkler, 2004;
weitere Bildautoren und Bildquellen sind bei den Dokumenten benannt.

**Satz, Gestaltung und Druck**
Karl-Heinz Gräßer und Dieter Kaddoura, Druck: Oktoberdruck, Berlin-Friedrichshain

**Verlag und Vertrieb**
Gesellschaft für Verkehrspolitik und Eisenbahnwesen (GVE) e.V.
S-Bahnhof Jannowitzbrücke, 10179 Berlin, Fax (030) 78 70 55 10, E-Mail: bestellung@gve-verlag.de

**ISBN: 3-89218-085-7.** **© 2004, Verlag GVE. Alle Rechte vorbehalten.**

# Vorwort

Vor mehr als 70 Jahren, am 15. Mai 1933, begann die Deutsche Reichsbahn den modernen elektrischen S-Bahnbetrieb auf der Wannseebahn. Zwar war diese Strecke eine der letzten, die vor dem Zweiten Weltkrieg elektrifiziert wurden, dennoch war und ist sie – das belegt dieses Buch – (fast) immer eine der modernsten. Die Wannseebahn war stets innovativ und in vielerlei Hinsicht ein Vorbild, sowohl für den Vorortverkehr als auch für den S-Bahnbetrieb.

**1891 bis 1900** Die Wannseebahn war die erste zweigleisige Vorortbahn in Berlin. Das separate Gleispaar erwies sich als Grundvoraussetzung für ein dichtes und regelmäßiges Zugangebot im Nahverkehr. Erhöhte Bahnsteige und typisierte Aufbauten senkten die Betriebskosten und verbesserten den Reisekomfort.

**1900 bis 1910** Auf der Wannseebahn wurde – bis 1902 – erstmals der elektrische Gleichstrombetrieb im Eisenbahn-Vorortverkehr erprobt. In den Jahren danach entstanden markante Bahnhöfe in hervorragender städtebaulicher Qualität. Sie sorgten für eine große Akzeptanz durch Reisende und Anwohner und waren eine wichtige Voraussetzung für das Wachstum der Metropole.

**1932 bis 1945** Die Elektrifizierung der Wannseebahn wurde genutzt, um die betrieblichen Anlagen und die Stromversorgung zu verbessern. Parallel zu den Wannseegleisen gab es ab 1936 auf den Ferngleisen erstmals eine Expreß-S-Bahn. Die legendären elektrischen Bankierzüge der Baureihe ET/EB 125 erwiesen sich als wegweisend für die Technik und für das Design von Triebzügen im Nahverkehr.

**1945 bis 1980** Nach Kriegsende war die Wannseebahn die erste S-Bahnstrecke, die wieder in Betrieb ging. „Im Westen" gelegen und von der Deutschen Reichsbahn („Ost") betrieben, blieb sie als schnelle Verbindung in den Berliner Südwesten wichtig – trotz des Ost-West-Konflikts mit Mauerbau und S-Bahn-Boykott.

**1980 bis 1985** Vier Jahre war die Wannseebahn gänzlich ohne S-Bahnverkehr. Nach heftigen Bürgerprotesten war die Wiederinbetriebnahme – jetzt durch die BVG West – der entscheidende Schritt, um im Westteil der Stadt endlich die S-Bahntechnik zu erneuern. Er fand Ausdruck in der schnellen Realisierung von modernen Berliner S-Bahnzügen der Baureihe 480.

Und noch an etwas anderes sei erinnert: Der 50. Jahrestag der Elektrifizierung der Wannseebahn wurde gefeiert, obwohl es 1983 nur wenig zu feiern gab. Über die Wannseegleise rollten damals schon jahrelang keine Züge im Fahrgastverkehr. Berlin war geteilt, der S-Bahntunnel, durch den die Züge unter Ost-Berlin hindurchfuhren, präsentierte sich teilweise mit zugemauerten Geisterbahnhöfen. Noch war nicht abzusehen, ob die angekündigten Verhandlungen zwischen dem West-Berliner Senat und der Deutschen Reichsbahn über die S-Bahn in West-Berlin Wirklichkeit werden, geschweige denn zum Erfolg führen würden. Die von verschiedenen Initiativen – maßgeblich von der Interessengemeinschaft Eisenbahn Berlin, dem heutigen Berliner Fahrgastverband IGEB – organisierte Feier war deshalb eine Mischung aus Hoffnung und Forderung.

Aktuell daran bleibt festzustellen, daß das konstruktive Einmischen der Bürger in die Verkehrspolitik wichtig ist und – wie das Beispiel Wannseebahn zeigt – auch erfolgreich sein kann.

**Gerhard J. Curth,** Aufsichtsrats-Vorsitzender des Berliner S-Bahn-Museums,
Präsident des Deutschen Bahnkunden-Verbands (DBV)
und von 1980 bis 2004 Vorsitzender des Berliner Fahrgastverbands IGEB e.V.

# Streckenbezeichnungen kurz gefaßt

## 1838 Die Stammbahn

Seit 1838 verband die Stammbahn, die älteste Eisenbahnstrecke Berlins und Preußens, Potsdam mit Berlin. Ihr Ausgangspunkt war der Potsdamer Bahnhof in Berlin.
Damals außerhalb der Stadtgrenze gelegen und später erweitert, existierte dieser Bahnhof nach dem Zweiten Weltkrieg nur noch als Ruine am Potsdamer Platz.

## 1874 Die „Alte" Wannseebahn

Die Strecke von Zehlendorf über Schlachtensee nach Wannsee gibt es seit 1874. Sie wird als „Alte" Wannseebahn bezeichnet. In Zehlendorf von der Stammbahn abzweigend, erschloß sie als „Vier-Seen-Bahn" die neuen Siedlungsgebiete an Schlachtensee, Nikolassee und Wannsee, bis hin zum Griebnitzsee, wo sie wieder auf die Trasse der Stammstrecke traf.

## 1891 Die „Neue" Wannseebahn

1891 wurde die „Neue" Wannseebahn, die beiden separaten Gleise unmittelbar neben der Stammbahn zwischen Berlin und Zehlendorf sowie zwischen Neubabelsberg und Potsdam in Betrieb genommen. Damit war die Wannseebahn die erste zweigleisige Berliner Vorortbahn überhaupt.

## 1933 Die „elektrische" Wannseebahn

Seit 1933 nutzen elektrische S-Bahnen die Wannseebahn. Ausgangspunkt auch dieser Züge war zunächst der Potsdamer Wannseebahnhof in Berlin. In der Mitte des Bahnsteigs befand sich der Kilometerpunkt 0,1. Weniger klar ist, wo genau die Wannseebahn heute beginnt.

Seit 1939 führt der Nordsüd-S-Bahntunnel komplett unter Berlins Mitte hindurch, und seitdem zweigen die Gleise von und nach Wannsee unterirdisch im Anhalter Bahnhof ab.

Auch ein Ausgangspunkt unmittelbar nördlich der Yorckstraße ist denkbar. Dort trifft die Nordsüd-S-Bahn oberirdisch auf das Terrain der Wannseebahn, und der Bahnhof Yorckstraße (S 1) ist heute von Norden her der erste, der ausschließlich an Wannseegleisen liegt.

### Der „Kilometersprung"

Betrieblich eindeutig ist nur der Wechsel der Strecken-Kilometrierung geregelt: In Höhe des Gaswerks Schöneberg liegt beim „kleinen Tunnel" der Kilometerpunkt 7,67 der Nordsüd-S-Bahn, der hier den Kilometerpunkt 3,3 der Wannseebahn berührt. Bis hierhin reicht der Anschluß der Nordsüd-S-Bahn, der im Jahr 1939 eröffnet wurde. Aber beginnt deshalb die Wannseebahn hier?

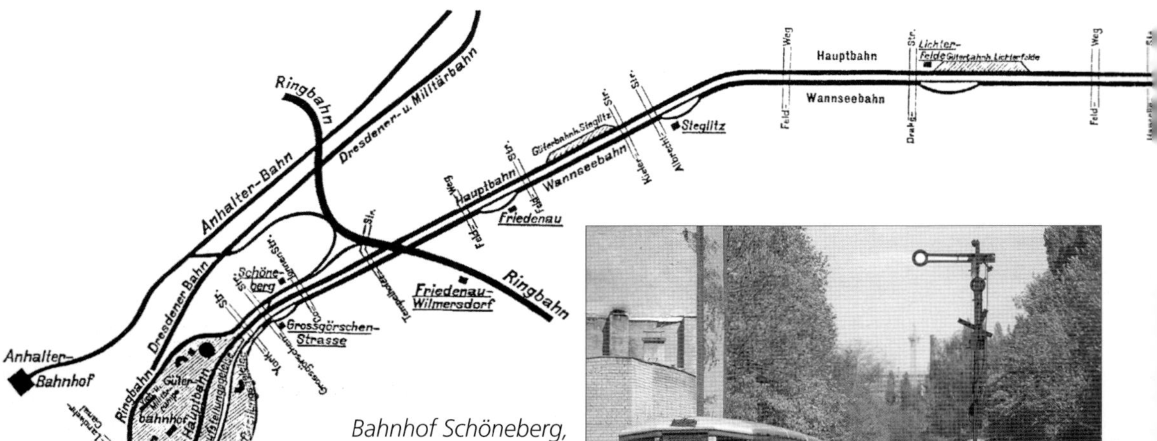

*Bahnhof Schöneberg, Blick zum „kleinen Tunnel", dem Wannseebahntunnel, wo heute (weiße Linie) die Kilometrierung der Wannseebahn beginnt. Foto: M. Winkler*

# Inhalt

***Die Wannseebahn im Jahr 1891***
*Plan der Vorortbahn von Berlin nach Potsdam*
*Zeichnung aus: Zentralblatt der Bauverwaltung, 26. September 1891*

Foto: R. W. Rynerson, 1969; Zeichnung unten aus: Verkehrstechnische Woche, 1933

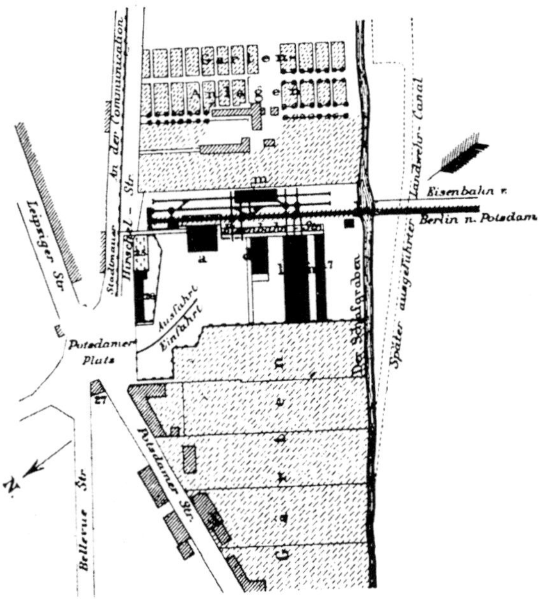


Lageplan des Potsdamer Bahnhofs in Berlin 1838

a = Stationsgebäude
d = Verwaltungsgebäude
l = Lokomotivschuppen
m = Wagenschuppen
7 = Stallung
25 = Kirchhof
26 = ehem. Gericke'sche Grundstück
27 = Apotheke

# Chronik der Wannseebahn

**22. September 1838** – Die erste Eisenbahn in Preußen fährt zwischen Zehlendorf und Potsdam. Erbaut wurde die Strecke von der Berlin–Potsdam–Magdeburger Eisenbahn-Gesellschaft, in deren Besitz sich die Potsdamer Bahn (auch Stammbahn genannt) befindet.

**29. Oktober 1838** – Betriebsbeginn auf dem Streckenabschnitt der Stammbahn vom Potsdamer Bahnhof in Berlin bis Zehlendorf.

**1. Juni 1874** – Eröffnung der Alten Wannseebahn. Die Strecke zweigt in Zehlendorf von der Stammbahn ab und verläuft über Schlachtensee und Wannsee bis Neubabelsberg (heute Griebnitzsee).

**1880** – Die Berlin–Potsdam–Magdeburger Eisenbahn-Gesellschaft wird verstaatlicht und der Königlich-Preußischen Eisenbahnverwaltung (KPEV) unterstellt.

### *Das alte Empfangsgebäude des Bahnhofs Wannsee*

*Es existierte von 1878 bis zur Großen Elektrisierung der Berliner Stadt-, Ring- und Vorortbahnen*

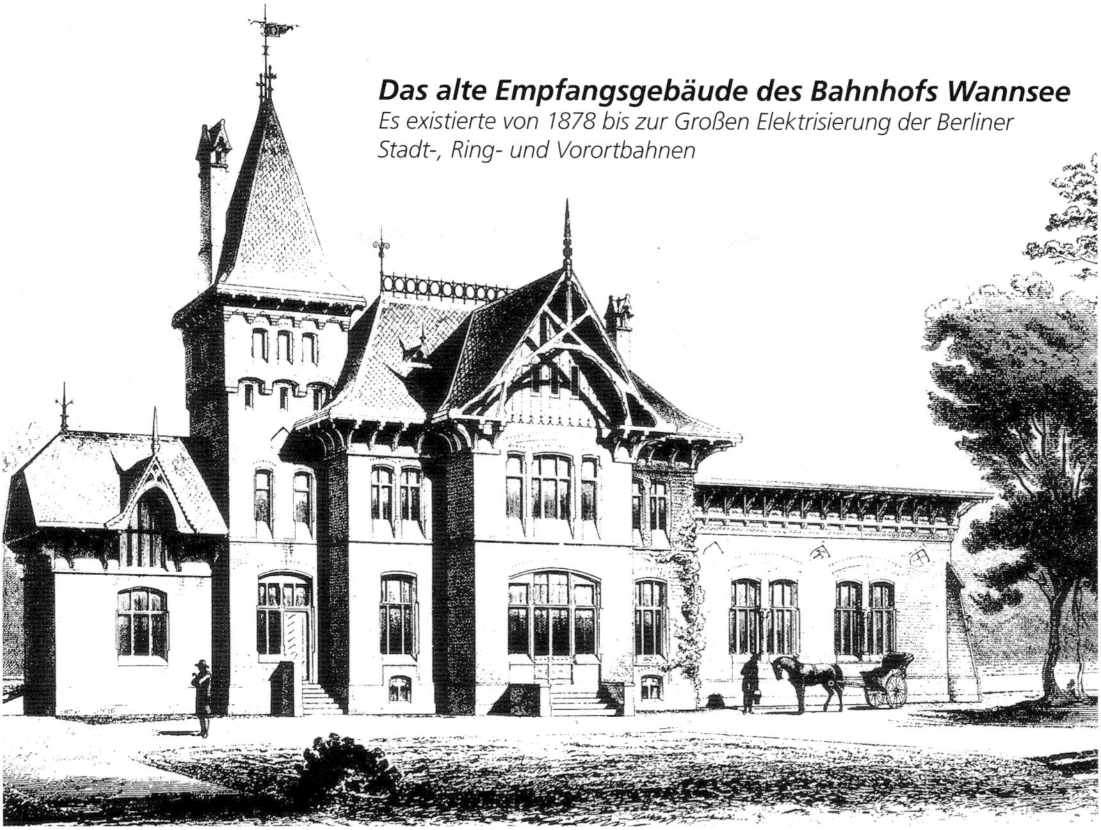

*Architekt: F. Luthmer, Abbildung aus: Architektonisches Skizzenbuch, Heft 2 1876, Archiv S. Hilkenbach*

**1. Oktober 1891** – Die Neue Wannseebahn ist in Betrieb. Zwischen Berlin und Potsdam gibt es nun vier Gleise: die beiden Stammbahngleise für den Personenfern- und den Güterverkehr sowie die beiden Gleise der Wannseebahn für den Vorortverkehr. Zugleich erhält der Vorortverkehr mit dem Potsdamer Wannseebahnhof in Berlin einen separaten Endpunkt neben dem Potsdamer Fernbahnhof.

**1900 bis 1902** – Erster elektrischer Eisenbahn-Versuchsbetrieb im Berliner Raum. Nur wenige Zugfahrten zwischen dem Potsdamer Wannseebahnhof in Berlin und Zehlendorf sind elektrisch, der Versuchszug fährt im Fahrplan zwischen den Dampfzügen.

**1903** – Einführung von schnellfahrenden Zügen, die zwischen Zehlendorf und Berlin Potsdamer Bahnhof nicht an allen Stationen halten.

**1903 bis 1908** – Planungen für den Bau einer neuen Vorortstrecke Wilmersdorf–Dahlem bzw. Grunewald–Dahlem mit Anschlüssen an die Wannseebahn in Schlachtensee bzw. Botanischer Garten. Ziel war die Erschließung Dahlems als neues Siedlungsgebiet.

**1908** – Einrichtung der Bankierzüge, die – mit Dampf betrieben – von Wannsee kommend in Zehlendorf auf die Gleise der Stammbahn wechseln und direkt bis Berlin Potsdamer Fernbahnhof fahren.

**1913** – Eröffnung der U-Bahn von Wittenbergplatz bis Thielplatz (Wilmerdorfer U-Bahn); andere Bahnplanungen zur Erschließung Dahlems werden damit hinfällig.

*Feierliche Eröffnung des Bahnhofs Nikolassee am 1. Mai 1902. Foto: Archiv S-Bahn-Museum*

# Der erste elektrische Versuchsbetrieb in Berlin

1900 bis 1902 auf der Wannseebahn

### Die erste elektrische Strecke

Am 1. August des Jahres 1900 wurde der elektrische Versuchsbetrieb dem öffentlichen Verkehr übergeben. Bereits einige Jahre zuvor war von der Königlich-Preußischen Eisenbahnverwaltung (KPEV) der elektrische Betrieb auf Vollbahnen in Erwägung gezogen worden (1879: erste elektrische Lokomotive von Siemens, 1881: erste elektrische Straßenbahn in Groß-Lichterfelde bei Berlin). Man entschloß sich nunmehr zu einem groß angelegten Versuch. Weil der elektrische Betrieb vornehmlich für stark befahrene Vorortstrecken in Frage kam, wählte man für diesen Versuchsbetrieb die Wannseebahn, die damals in den Stoßzeiten mit zwölf Zügen pro Stunde in jeder Richtung belegt war. Der Zuschlag für die Wannseebahn war wohl der Tatsache geschuldet, daß sich die Firma Siemens & Halske bereit erklärte, aus ihrem nahegelegenen Kraftwerk für die Straßenbahn in Groß-Lichterfelde den nötigen Strom zu angemessenen Preisen zu liefern.

Für den Versuchsbetrieb wurde die zweigleisige Strecke zwischen Zehlendorf und Berlin Potsdamer Wannseebahnhof mit Stromschienen ausgerüstet, die von den sechs Stromabnehmern des Versuchszuges von oben bestrichen wurden. Als Fahrspannung wählte man Gleichspannung von 750 Volt. Um die unregelmäßige Belastung auszugleichen und Spannungsverluste zu vermeiden, war sowohl in Berlin als auch in Zehlendorf je eine Pufferbatterie aufgestellt, die den überwiegenden Teil der hohen Anfahrstromstärke von bis zu 1100 Ampere lieferte, während das Kraftwerk selbst nur 400 Ampere abgeben konnte.

### Der Versuchszug

Er bestand aus vier dreiachsigen Wagen 2. Klasse, fünf dreiachsigen Wagen 3. Klasse und einem zweiachsigen Wagen 3. Klasse. Die an der Spitze und am Schluß des Zuges laufenden dreiachsigen Wagen 3. Klasse waren von der Eisenbahnhauptwerkstatt Tempelhof zu Triebwagen umgebaut worden. Jede der drei Achsen eines Triebzuges war mit einem Antriebsmotor versehen, dessen Läufer direkt auf der Achse saß. Das erste Abteil jedes Triebwagens war zum Führerraum umgebaut, während das zweite als Gepäckraum diente, bei den folgenden Wagen als Kessel-, Kohlen- und Wasserraum für die Dampfheizung. Beleuchtet wurde der Zug mittels Glühlampen. Durch den ganzen Zug führte eine Stromabnehmer-Verbindungsleitung sowie eine zweite Leitung. Er wurde jeweils vom vorderen Führerstand aus gesteuert. Zu dieser Zeit beließ man es dabei, den Fahrstrom mit dem Fahrschalter von Hand zu schalten. Die drei Motoren jedes Triebwagens waren parallel und je nach Fahrstellung parallel oder in Reihe mit den anderen Motorgruppen geschaltet. Durch Hinzuschalten von Vorwiderständen ergaben sich 14 Fahrstufen. Der Triebwagenführer mußte dabei das Hochschalten der Fahrstufen unter Beachtung des Amperemeters selbst vornehmen. Der Zug besaß eine Westinghouse-Luftdruck-

***Bahnhof Zehlendorf** – Im Jahr 1902 noch mit den Stromschienen des elektrischen Versuchsbetriebes. Postkarte Archiv S. Hilkenbach*

bremse. Neben einer Handbremse besaß er eine elektrische Kurzschlußbremse, die über den Fahrschalter bedient wurde.

### Die Versuchsfahrten

Der Zug fuhr zwischen den Dampfzügen in deren Fahrplan und erreichte dabei eine Höchstgeschwindigkeit von ca. 50 km/h. Für die 11,98 Kilometer lange Strecke zwischen Berlin und Zehlendorf benötigte er 23 bis 24 Minuten bei vier Zwischenhalten in Großgörschenstraße, Friedenau, Steglitz und Groß-Lichterfelde West. Dies entsprach einer Reisegeschwindigkeit von 29 bis 31 km/h. Da der Versuchsbetrieb an den Fahrplan der Dampfzüge gebunden war, brauchte die Zugkraft nicht voll ausgenutzt zu werden. Als größte Beschleunigung wurde ein Wert von 0,24 $m/s^2$ erreicht.

### Resümee

Obwohl der Versuchsbetrieb im wesentlichen störungsfrei ablief, wurde nach dessen Ende am 1. Juli 1902 der Dampfbetrieb auf der Wannseebahn beibehalten. Hauptgrund dafür war wohl die zu dieser Zeit noch fehlende Wirtschaftlichkeit des elektrischen Betriebes. An technischen Schwierigkeiten gab es nur die Überbelastung der Fahrschalter, die noch den gesamten Fahrstrom schalteten, sowie die Störung von Signal- und Fernmeldestromkreisen durch Erdströme. Diese Störungen konnten durch die Anlage gesonderer Rückleiter für diese Stromkreise beseitigt werden.

Der Versuch wäre günstiger ausgefallen, hätte man einen rein elektrischen Betrieb gewählt. Beim nächsten Versuchsbetrieb wurde 1903 die Vorortstrecke Berlin Potsdamer Bahnhof–Groß-Lichterfelde Ost für den elektrischen Betrieb umgestellt. Die Züge besaßen nun die Schütz-Steuerung. Der Betrieb bewährte sich. Er wurde bis zur Umstellung auf das System der Berliner S-Bahn im Jahre 1929 beibehalten.

*S-Bahnwerbung von 1937. Archiv S-Bahn-Museum*

**1929** – Privat finanzierte Verlängerung der U-Bahn von Thielplatz bis Krumme Lanke zur Erschließung neuer Wohngebiete; die geplante Weiterführung zum heutigen Mexikoplatz bzw. nach Kleinmachnow unterbleibt.

**1932/1933** – Die Industrie liefert der Deutschen Reichsbahn-Gesellschaft (DRG) 49 S-Bahn-Viertelzüge der Bauart 1932 (Bauart Wannseebahn), die sich weitgehend an die zuvor ausgelieferte Großserie der Bauarten 1927 bis 1930 anlehnt (1276 Wagen der Bauart Stadtbahn). Deutliche Unterschiede sind die glatte Außenhaut durch Schweißung und Senk- statt Halbrundnieten und das elektromotorisch betätigte Schaltwerk statt eines elektropneumatischen. Nach dieser Serie beschafft die Deutsche Reichsbahn 1933 zwei weitere Viertelzüge (Bauart 1932 a), die als Versuchsträger u. a. für eine Fußbodenheizung dienen. Neue Wege beschreitet man im Fahrgastkomfort: Für mehr Beinfreiheit in der zweiten Wagenklasse ändert man den Wagengrundriß und erweitert dort die Abteile um je zehn Zentimeter.

**15. Mai 1933** – Nach der Elektrifizierung der Wannseebahngleise sowie der Stammbahngleise zwischen Zehlendorf und Berlin Potsdamer Bahnhof beginnt der elektrische Verkehr. Südlich von Wannsee wird das S-Bahn-Betriebswerk Wannsee zum Abstellen und Warten der Züge in Betrieb genommen.

*Rundkopf – die Stirnfront eines Bankierzuges, 1936.*
*Werkfoto: Archiv Freizeitgruppe Bahnstromanlagen*

*Potsdamer Platz 1945 – Wasser im S-Bahntunnel.*
*Foto: Archiv S. Hilkenbach*

**1933 bis 1936** – Auf Basis des Wannseebahn-Versuchszuges (Bauart 1932 a) entwickelt die Waggonbauindustrie einen Probezug aus vier Viertelzügen (acht Wagen, Bauart 1934), der 1935 anläßlich der Ausstellung „100 Jahre Deutsche Eisenbahn" in Nürnberg erstmals gezeigt wird. Von allen bisher gelieferten S-Bahnwagen unterscheiden sie sich durch ihre runde Front, die ihnen Dynamik und Eleganz verleiht, sowie durch ihre Höchstgeschwindigkeit von 120 Kilometern pro Stunde. Anläßlich der Olympischen Spiele 1936 bestellt die Deutsche Reichsbahn weitere 44 Viertelzüge, von denen 34 als sogenannte „Olympiazüge" für 80 km/h geliefert werden (Bauart 1935). Weitere zehn (Bauart 1935 a) sind als sogenannte „Bankierzüge" für Spitzengeschwindigkeiten bis zu 120 km/h ausgestattet. Sie fahren auf den elektrifizierten Ferngleisen der Stammbahn zwischen Berlin Potsdamer Bahnhof und Zehlendorf ohne Halt in zehn Minuten.

**8. Oktober 1939** – Der Streckenabschnitt der Nordsüd-S-Bahn von Potsdamer Platz bis Schöneberg über Anhalter Bahnhof wird feierlich eröffnet. Ab 9. Oktober 1939 werden die Züge der Wannseebahn planmäßig durch den Nordsüd-S-Bahntunnel und über den provisorisch neu errichteten S-Bahnhof Großgörschenstraße (heute Yorckstraße S 1) geführt. Die Wannseezüge verkehren nun zwischen Wannsee und Oranienburg, die elektrischen Bankierzüge fahren weiterhin zwischen Wannsee und Potsdamer (Fern-) Bahnhof.

**2. Mai 1945** – Flutung der Nordsüd-S-Bahn kurz vor Kriegsende. Am Morgen des Tages der Kapitulation Berlins wird im S-Bahntunnel unter dem Landwehrkanal, wahrscheinlich von deutschen Soldaten, eine Sprengung ausgelöst, die dort die Tunneldecke zum Einsturz bringt. Durch die eindringenden Wassermassen wird die Nordsüd-S-Bahn unbenutzbar.

**6. Juni 1945** – Zwischen Wannsee und Schöneberg verkehrt erstmals nach Kriegsende eine S-Bahn in Berlin. Der Bankierverkehr auf den Ferngleisen wird nicht wieder in Betrieb genommen; dort gewonnene Stromschienen und Isolatoren nutzt man, um an anderer Stelle Kriegsschäden zu reparieren.

**6. August 1945** – Wegen des überfluteten Tunnels der Nordsüd-S-Bahn verkehren die Züge der Wannseebahn bis zum 27. Februar 1947 oberirdisch bis Berlin Potsdamer Ringbahnhof.

*Bahnhofsvorplatz Berlin-Wannsee – im Jahr 1960 mit einer großen Warntafel vor dem Bahnhofseingang. Foto: Historische Sammlung DB AG*

**27. Juli 1947** – Im Tunnel der Nordsüd-S-Bahn wird der S-Bahnverkehr wieder aufgenommen. Die Züge der Wannseebahn fahren zunächst bis zum Bahnhof Friedrichstraße.

**15. Juni 1948** – Auf dem nicht demontierten und nun elektrifizierten Streckenabschnitt der Stammbahn zwischen Zehlendorf und Düppel-Kleinmachnow beginnt der S-Bahnverkehr. In Zehlendorf besteht Anschluß an die Wannseebahn.

**13. August 1961** – Nach der Abriegelung West-Berlins enden die S-Bahnzüge aus Wannsee im Norden nicht mehr in Oranienburg sondern in Frohnau.

Im Süden wird Wannsee zur Endstation; die Strecke nach Potsdam ist bis Griebnitzsee unterbrochen, die nach Stahnsdorf geht außer Betrieb.

**17. bis 26. September 1980** – Im Westteil Berlins streiken die Eisenbahner für mehr Lohn und für die Verbesserung ihrer Arbeitsbedingungen. Nach umfangreichen Entlassungen und Kündigungen fehlt der Deutschen Reichsbahn das Personal, um das S-Bahnnetz in West-Berlin im gleichen Umfang wie vor dem Streik weiter zu betreiben.

*S-Bahn-Hinweis ohne „S“ – Zehlendorf, Berliner Straße/Ecke Sundgauer Straße. Foto: S. Hilkenbach, 1959*

***BVG-Plakat zur Wiedereröffnung der Wannseebahn***
*Binnen eines Jahres wurde die Strecke zum 1. Februar 1985 wieder betriebsfähig gemacht – für den 10. März 1985 waren Neuwahlen angesetzt …*

***Lichtgrau und mit dunkelblauem Fensterband***
*Die neue S-Bahn von 1986; einer der beiden Prototyp-Züge der Baureihe 480. Foto, 1986 in Lichterfelde West: S-Bahn-Museum*

**18. September 1980** – Wie auf anderen Strecken wird infolge des Streiks auch auf der Wannseebahn der S-Bahnverkehr eingestellt. Bis 31. Januar 1985 ist hier kein Zug mehr im Fahrgastverkehr unterwegs; nur ein Gleis wird für betriebsinterne Überführungsfahrten weiterhin genutzt.

**1981/1982** – Bürgerinitiativen und einzelne Politiker fordern den Senat mit vielfältigen Aktivitäten auf, mit der Deutschen Reichsbahn über die rasche Wiederinbetriebnahme stillgelegter S-Bahnstrecken, insbesondere der Wannseebahn, zu verhandeln.

**1983** – Vor dem Bahnhof Lindenthaler Allee (heute Mexikoplatz) feiern tausende Berliner „50 Jahre elektrifizierte Wannseebahn" und unterstreichen damit die Forderung, das umwelt- und stadtverträgliche Verkehrsmittel S-Bahn nicht aufzugeben.

**Dezember 1983** – Nach Verhandlungen zwischen dem Berliner Senat und der Deutschen Reichsbahn wird nicht die S-Bahn in West-Berlin sondern deren Betriebsführung „an eine vom Senat zu bestimmende Stelle übertragen" (Original-Wortlaut des damaligen Vertragstexts).

**9. Januar 1984** – Die städtischen Berliner Verkehrs-Betriebe (BVG) übernehmen den S-Bahnbetrieb um 3 Uhr früh. Zunächst verkehren die Züge nur auf zwei Strecken: zwischen Anhalter Bahnhof und Lichtenrade und auf der Stadtbahn zwischen Friedrichstraße und Charlottenburg.

**1. Februar 1985** – Wiederinbetriebnahme der Wannseebahn. Das vom neuen CDU/FDP-Senat in Berlin (West) angestrebte 71-Kilometer-Netz der S-Bahnstrecken Friedrichstraße–Wannsee (Stadtbahn), Lichtenrade–Frohnau und Wannsee–Anhalter Bahnhof ist damit vorerst komplett.

Vorrang vor weiteren Inbetriebnahmen soll zunächst die Modernisierung des Bestandsnetzes haben.

**1988** – Erstmals wird angekündigt, den S-Bahnhof Kolonnenstraße neu zu errichten. Auch anderthalb Jahrzehnte später ist die Station im Zentrum Schönebergs an der Julius-Leber-Brücke nur Planung.

**22. Januar 1990** – Mit Doppelstockzügen wird zwischen Wannsee und Potsdam ein S-Bahn-Vorlaufverkehr aufgenommen.

**1. April 1992** – Die elektrische S-Bahn fährt wieder zwischen Potsdam und Wannsee. Sie verkehrt als S3 im traditionellen Zuglauf Erkner–Stadtbahn–Wannsee–Potsdam.

**1. Januar 1994** – Mit Beginn des Jahres 1994, gibt es um Mitternacht gleich zweifach eine Stunde Null: Die Betriebsführung der S-Bahnstrecken im ehemaligen Westteil der Stadt geht an die Deutsche Reichsbahn zurück, die exakt zum gleichen Zeitpunkt Teil der Deutschen Bahn AG wird. In der wiedervereinigten Stadt liegt der S-Bahnbetrieb nun wieder in einer Hand, wenn auch im Rahmen vertraglicher Vereinbarungen weiterhin BVG-Mitarbeiter bei der S-Bahn beschäftigt sind.

**1. Januar 1995** – Die S-Bahn Berlin GmbH wird zur Tochtergesellschaft der Deutschen Bahn AG.

**1999 bis 2003** – Umfangreiche Erneuerungsarbeiten an den Gleis- und Signalanlagen der Wannseebahn.

***22. Januar 1990** Die Vorlauf-S-Bahn nach Potsdam.*
*Foto: M. Lange, Archiv S-Bahn-Museum*

***Der Bahnhof Kolonnenstraße fehlt immer noch***
*Kinderzeichnung, Archiv S-Bahn-Museum*

# Die Bahnhöfe der Wannseebahn

***Blick vom Landwehrkanal zum Potsdamer Bahnhof, 1935***
*Links die Halle des Wannseebahnhofs, in der Mitte die elektrifizierten Gleise zum Fernbahnhof, rechts auf dem hochliegenden Damm der Potsdamer Ring- und Vorortbahnhof.*

*Foto: Archiv S. Hilkenbach*

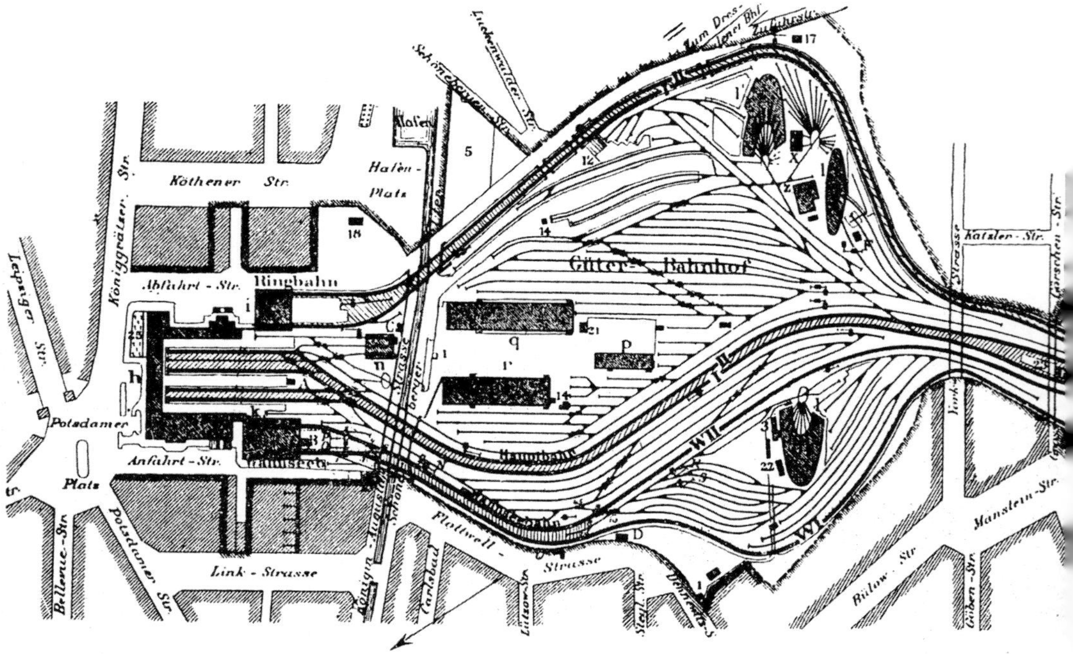

## Berlin Potsdamer Wannseebahnhof
**Berlin Potsdamer Fernbahnhof**

1891 erhielten die Vorortzüge der Wannseebahn am Potsdamer Platz einen eigenen Bahnhof, den Potsdamer Wannseebahnhof. Zuvor waren alle Fern- und Vorortzüge der Potsdamer- und Wannseebahn auf nur vier Bahnsteiggleisen abgefertigt worden. Mit dem Wachstum Berlins zur Millionenmetropole konnten die Bahnanlagen aber nicht Schritt halten, rund 250 Züge aller Art täglich waren zuviel. Gleichzeitig mit der Neuen Wannseebahn entstand deshalb der eigene Bahnhof. Dieser Potsdamer Wannseebahnhof erhielt ein aufwendiges Äußeres und eine teilweise Überdachung mit einer Halle. Bis zur Eröffnung der durchgehenden Nordsüd-S-Bahn 1939 fuhren die Wannseebahnzüge von hier; die Bankierzüge begannen ihre Fahrten „nebenan" im Fernbahnhof. Sie fuhren bis Anfang 1945, als der Fernbahnhof in der Schlußphase des Zweiten Weltkriegs zerstört wurde und geschlossen werden mußte.

In den fünfziger Jahren wurden die Bauten des Potsdamer Bahnhofs beseitigt. Nachdem der Senat das Gelände Anfang der siebziger Jahre von der DDR erworben hatte, verschwanden auch die letzten, an die Bahn erinnernden Gewölbe und Unterbauten. Lange war dort, wo der Potsdamer Wannseebahnhof stand, ungenutzte Stadtbrache. Heute ist die Fläche Teil einer grün gestalteten Platzanlage unmittelbar in südlicher Nachbarschaft zu den Neubauten rund um den Potsdamer Platz, die seit 1989 entstanden sind.

## Ⓢ Yorckstraße (Großgörschenstraße)
**früher Großgörschenstraße**

Der Vorgänger der heutigen Station, der alte Bahnhof Großgörschenstraße, ging am 1. Oktober 1891 mit der Neuen Wannseebahn in Betrieb. Er bestand bis 1939, besaß auf der Westseite der Gleisanlagen ein Empfangsgebäude in historisierender Backsteinbauweise und lag – heute noch zu erkennen – ungefähr 160 Meter näher zum S-Bahn-Südring und etwas südlich des heutigen Bahnhofs.

Über einen langen Verbindungsgang zwischen den Gleisen konnte man vom alten Bahnhof Großgörschenstraße aus zu Fuß den Bahnhof Kolonnenstraße erreichen, um dort zu den Ringzügen umzusteigen. Die Station Kolonnenstraße trug bis 1932 den Namen Schöneberg. 1944 wurde sie zusammen mit der Südring-Spitzkehre zum Potsdamer Ringbahnhof geschlossen. Seit 1988 ist geplant, etwa an gleicher Stelle, in Höhe der Julius-Leber-Brücke, einen Bahnhof an den Wannseegleisen anzulegen.

Als die Nordsüd-S-Bahn 1939 vollendet wurde, erhielten die Wannseegleise im Schöneberger Abschnitt ihre heutige Lage, damals zwischen denen der Ringbahn-Spitzkehre und denen der Stammbahn. Und um die Wannseegleise wieder auf die Außenseite der Trasse zu führen, entstand damals der „kleine" Wannseebahntunnel in Höhe des Gaswerks.

Zu gleicher Zeit ging auch der heute noch vorhandene Bahnsteig an der Yorckstraße in Betrieb. Dieser erhielt nur teilweise eine einfache Holzüberdachung.

Bild 8. Lageplan des Potsdamer Bahnhofs in Berlin 1891

| | | |
|---|---|---|
| e = Hofstation | r = Versandgüterschuppen | 13 = Kohlenbühne |
| f = Station Schöneberg | x = Betriebswerkstatt | 14 = Abort |
| g = Station Großgörschenstr. | z = Materialienlager | 17 = Streckenblock |
| h = Abfertigungsgeb. d. Hauptb. | A-F = Stellwerksbuden | 18 = Provis. hydraul. Anlage |
| i = Abfertigungsgeb. d. Ringb. | N-S = Signalmaste | 19 = Räume für den Hof |
| k = Abfertigungsg. d. Wannseeb. | 1 = Pförtnerhaus | 21 = Bahnhofswirtschaft |
| l = Lokomotivschuppen | 3 = Nebengebäude | 22 = Aufenthaltsraum |
| n = Hofwagenschuppen | 5 = Neues Direktions-Gebäude | 23 = Bahnsteig f. d. Hofstation |
| p = Eilgutschuppen | 7 = Stallung | 24 = Tunnel f. d. Hofstation |
| q = Empfangsgüterschuppen | 12 = Vieh- und Militär-Rampe | 25 = Kirchhof |

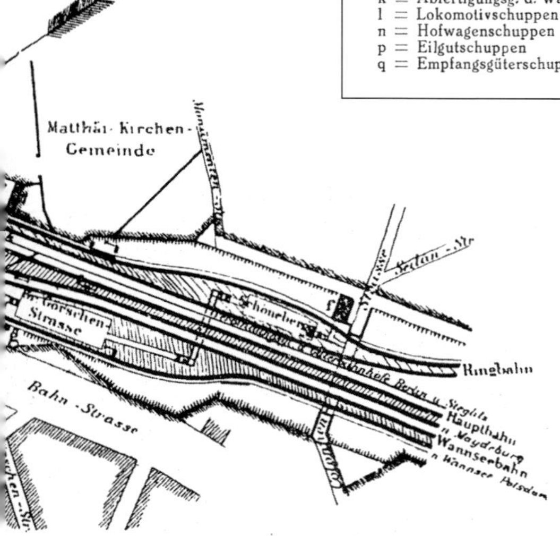


***Berlin Potsdamer Bahnhof, Lageplan 1891***
*Gleisanlagen vom Potsdamer Platz bis Kolonnenstraße.*

*Die Darstellung zeigt Ring-, Güter-, Fern- und Wannseebahnhof, außerdem die Bahnhöfe Großgörschenstraße und Kolonnenstraße.*
*Im Plan sind die Waagerechten in der Länge gestaucht, so daß die kreisrunden Lokschuppen als Ovale, die senkrecht verlaufenden Straßen schmaler und die waagerecht verlaufenden breiter erscheinen.*
*Zeichnung aus: Verkehrstechnische Woche, 1933*

**Kolonnenstraße und Großgörschenstraße – die beiden ehemaligen Bahnhofe in Schöneberg**
*Wer in Großgörschenstraße (Bild rechts) von den Wannseezügen zu den Ringzügen umsteigen wollte, der konnte von hier aus zu Fuß den Bahnhof Kolonnenstraße (Bild unten) über den 400 Meter langen „Hammelgang" und die Treppen an der Langenscheidtbrücke erreichen.*

*Postkarten: Archiv S. Hilkenbach*
*Fahrkarte vom 1. Oktober 1891, dem Eröffnungstag der Neuen Wannseebahn, Archiv Heimatmuseum Zehlendorf*

Er war, als hier von 1980 bis 1985 keine S-Bahn fuhr, erheblich dem Vandalismus ausgesetzt, und wurde danach ohne erhebliche bauliche Veränderungen wiederhergestellt.

Als der neue Bahnhof Großgörschenstraße 1939 entstand, war er nur als Provisorium gedacht. In den Hauptstadtplänen von Hitlers Chefarchitekt Albert Speer sollte nach dem „Endsieg" eine monumentale Prachtstraße mit der dementsprechenden Bebauung entstehen. Der Bahnhof wäre dann durch den unterirdischen (10gleisigen) S-Bahnhof Hornstraße ersetzt worden. Da aber alles anders kam, als geplant, besteht das Provisorium nun schon Jahrzehnte.

Nördlich der Yorckstraße führen die Gleise seit 1939 in den Nordsüd-S-Bahntunnel. Die unterirdische Strecke unterquert den Postbahnhof und den Landwehrkanal in spitzem Winkel und weitet sich dann zum Anhalter Bahnhof auf, wo die Gleise aus Richtung Wannsee mit denen aus Richtung Teltow und Blankenfelde zusammentreffen.

## Ⓢ Schöneberg

Bis zum 15. Mai 1933 war das Umsteigen von der Ringbahn zur Wannseebahn nur mit Fußweg und Treppensteigen über den 400 Meter langen, offenen Verbindungsgang zwischen den Bahnhöfen an der Großgörschen- und an der Kolonnenstraße möglich. Am Sachsendamm entstand deshalb im Rahmen der Elektrifizierung der Wannseebahn ein neuer Umsteigebahnhof. Anlaß war die notwendige Verbreiterung der Straßendurchfahrt unter der Wannseebahn, die den Teilabriß des alten Kreuzungsbauwerks der Bahnstrecken erforderte.

Durch das neue Kreuzungsbauwerk war eine spitzwinklige Kreuzung der Bahnsteige nötig, die zu einer merkwürdig verwinkelten Treppenanlage führte. Um die Reisenden in der verhältnismäßig großen Höhenlage des Ringbahnsteigs nicht Wind und Regen auszusetzen, aber auch um die Brandmauern der Häuser an der Ebersstraße zu verdecken, wählte die Reichsbahn für den oberen Bahnsteig eine verglaste

Bahnsteighalle mit geschweißtem Zwei-Gelenk-Rahmen. Der untere Bahnsteig konnte hingegen mit einem einfachen, offenen Dach geschützt werden. Für den erwartbar starken Umsteigeverkehr wurden die Bahnsteige sehr breit angelegt.

Die neue Ringbahnhalle konnte bereits am 1. März 1933 eröffnet werden, der Wannseebahnsteig am 15. Mai 1933. Das alte Empfangsgebäude der Station Ebersstraße diente nun als zweiter Zugang zum neuen Ringbahnsteig. Durch dessen neue Lage, etwas östlich und über der Wannseebahn, war die Distanz zum Innsbrucker Platz hinreichend, um dort einen zusätzlichen Ringbahnhof anzulegen. Deshalb wird die Station Innsbrucker Platz in der Literatur stets im Zusammenhang mit der Wannsee-Elektrifizierung genannt.

Im Zuge von Sanierungsarbeiten an der Wannseebahn in den achtziger Jahren und an der Ringbahn in den frühen neunziger Jahren wurde die gesamte Bahnhofsanlage instandgesetzt und modernisiert.

***Grafik:*** *Berliner Lokalanzeiger, 2. Dezember 1932; Ein S-Bahngleis von Friedenau nach Papestraße gab es aber nicht.*

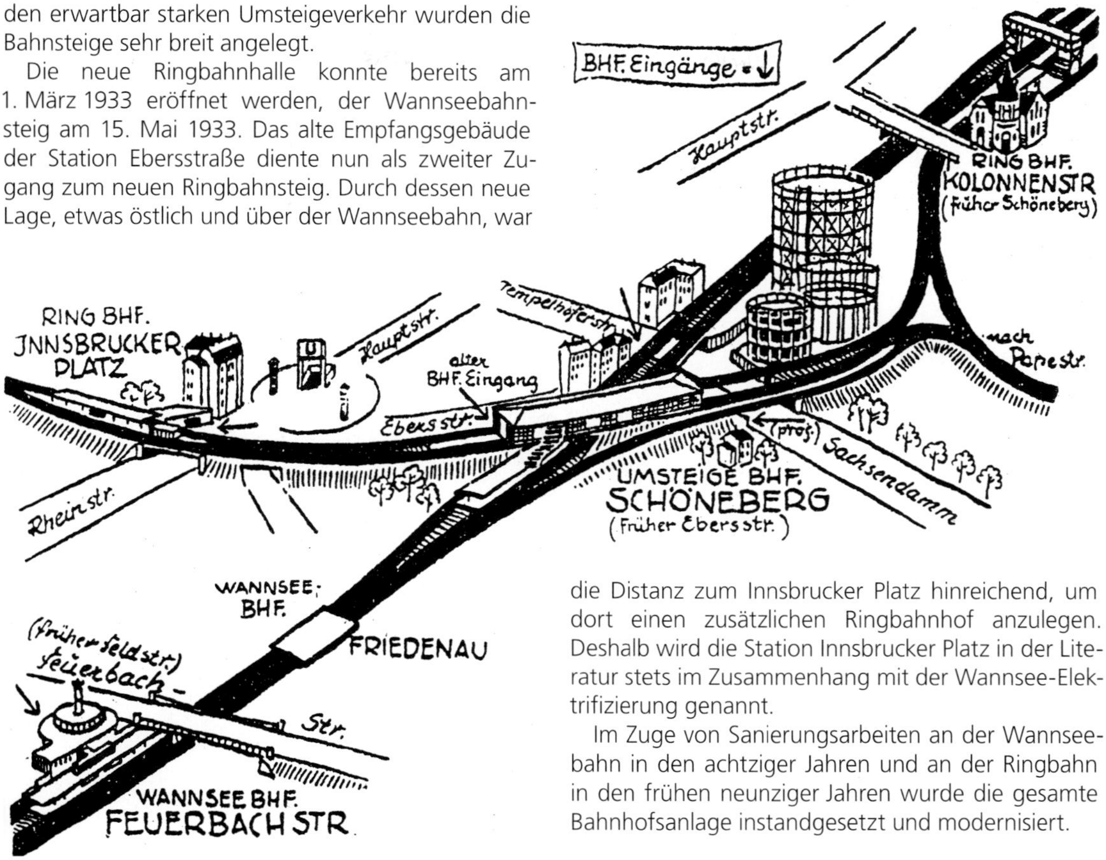

***Der neue Turmbahnhof Schöneberg***
*Carl Heinrich Schwennecke und Erich Zimmermann waren die Architekten des Kreuzungsbahnhofs der im Winkel von 37 Grad übereinanderliegenden Strecken.*
*Unter der Ringbahnhalle das Gütergleis, die beiden Stammbahngleise sowie der Wannseebahnsteig.*
*Pressefoto (1933): Archiv S. Hilkenbach*

***Friedenau***
***„Partie am Bahnhof"***
*Die Postkarte von 1915 zeigt den westlichen Bahnhofseingang. Archiv S. Hilkenbach*

***Die Fußgänger-Unterführung am Bahnhof Friedenau***
*Der Zugang vom Dürerplatz um 1919 und mit Stadtautobahn im Oktober 1968. Postkarte: Archiv S. Hilkenbach Foto unten: Landesarchiv Berlin*

***Friedenau, März 1966***
*Aus dem freigeräumten Gelände ragt ein erster Betonblock für die Autobahn-Ausfahrt zur Friedenauer Brücke empor. Foto: Landesarchiv Berlin*

## Ⓢ Friedenau

Dieser Bahnhof wurde am 1. November 1874 eröffnet, um die Besiedlung Friedenaus zu unterstützen. 1891 wurde er ausgebaut und erhielt die typischen „Utensilien" der Wannseebahnsteige mit gußeisernen Säulen und Glasaufgang. Bemerkenswert ist, daß dieser Bahnhof nie ein großes Empfangsgebäude besaß. Auf der Westseite entstand ein eher bescheidener kleiner Bau und ein direkter Zugang zum Tunnel unter den Gleisen hindurch. Als 1961 bis 1968 die Stadtautobahn gebaut wurde und die Kohlenhändler an der Eisenbahn weichen mußten, wurde dieser Tunnel unter den neuen Betonfahrbahnen hindurch zum Dürerplatz verlängert.

## Ⓢ Feuerbachstraße

Zunächst mit dem Namen Feldstraße geplant, ging dieser Bahnhof am 15. Mai 1933 anläßlich der Eröffnung der elektrifizierten Wannseebahn in Betrieb. Namenspatron war der Maler Anselm Feuerbach (1829–1880), dessen Bilder offenbar auch bei den NS-Machthabern nicht aneckten. Die Station erschloß für 22 000 Bewohner in der Umgebung den Zugang zur S-Bahn. Einher mit ihrer Errichtung ging der Neubau der Brücke über die Bahn. Im Krieg schwer beschädigt, wurde das Empfangsgebäude später wieder instandgesetzt, aber 1984 nach Überprüfung des Bauzustands bis auf die Skelettkonstruktion abgerissen und originalgetreu neu wieder aufgebaut.

***Originalgetreuer Neubau***
*Empfangsgebäude Feuerbachstraße. Foto: M. Heller*

***Bahnhof (ohne) Feuerbachstraße im April 1968***
*Foto: Landesarchiv Berlin*

***Der Bahnhof Steglitz***
*Um 1885 noch mit Hausbahnsteig und um 1960, kurz vor dem Abriß. Den Platz des alten Empfangsgebäudes nimmt heute die Stadtautobahn ein.*
*Postkarte links: Archiv S. Hilkenbach, Foto unten: Landesarchiv Berlin*

*Blick vom Steglitzer Kreisel zum Bahnhof.*
*Foto: M. Lange, 1986*

## Ⓢ Rathaus Steglitz
**früher Berlin-Steglitz**

Seit 13. Juni 1839 in Betrieb wurde der Bahnhof schon 1845 – Steglitz hatte damals nur wenige Hundert Einwohner – wegen zu geringer Fahrgastzahlen wieder geschlossen. Am 1. Mai 1864 wiedereröffnet, erhielt der Bahnhof von 1873 bis 1874 ein eigenes Empfangsgebäude.

Am 2. September 1883 kam es zu einem schweren Unfall. Ein Zug tötete 70 Reisende, die über die Gleise zu einem der bereits regelmäßig verkehrenden Vorortzüge liefen. Daraufhin wurde ein Personentunnel zum Bahnsteig und eine Straßenunterführung (Albrechtstraße) angelegt. Im Rahmen der Anlage der Neuen Wannseebahn erhielt der Bahnhof den Mittelbahnsteig mit gußeisernen Säulen und Gewächshausaufgang.

Als 1961 bis 1968 der Abzweig Zehlendorf der Stadtautobahn gebaut wurde, mußte das über neunzig Jahre alte, überwiegend Wohnzwecken dienende, Bahnhofsgebäude weichen. Außerdem wurden zwischen Steglitz und Feuerbachstraße alle Wohnhäuser auf einer Breite von 50 Metern abgerissen, um für Beton und Asphalt Platz zu machen. Als Ersatz für den Bahnhofsbau entstand an der Berlinicke-/Ecke Mittelstraße ein neues Wohnhaus für Mitarbeiter der Eisenbahn. Durch den Bau der Autobahn und des Steglitzer Kreisels hat sich das Stadtbild rund um den Bahnhof total verändert. Als die U-Bahn nach Steglitz gebaut wurde, berücksichtigte man auch einen Übergang zwischen U-Bahn und S-Bahn.

Danach erlebte der Bahnhof weitere Umbauten. Dabei wurde zum einen der Tunnel für die U-Bahnlinie U9 nach Lankwitz unter dem Bahnkörper hindurch verlängert – hierbei entstand auch ein zusätzlicher Zugang auf der Ostseite des Bahnhofs – zum anderen wurden die Brücken über die Albrechtstraße erneuert. Hierzu mußte der Bahnsteig angehoben werden. Zeitweise wurde der Betrieb über provisorisch angelegte Seitenbahnsteige abgewickelt. Bei den Baumaßnahmen wurde so manches wieder abgerissen, was erst bei der Erneuerung 1984/85 entstanden war.

Die Bezeichnung Rathaus Steglitz erhielt die Station am 31. Mai 1992, als der Name des S-Bahnhofs dem des U-Bahnhofs angeglichen wurde.

*Bahnhof Botanischer Garten um 1930: Foto: Heimatverein Steglitz*

## Botanischer Garten

Wie andere Stationen der Wannseebahn ist der Bahnhof Botanischer Garten auf Initiative einer Grundstücksgesellschaft entstanden. Die Architekten des am 1. Mai 1909 eröffneten Baus hießen Erdmann und Spindler. Der Bahnhof wurde als Mittelpunkt eines größeren Wohngebiets und Geschäftszentrums angeordnet.

Das durch seine Lage, das verwinkelte Dach und die hohe Giebelfront den Platz beherrschende Empfangs- und Wohngebäude ist vor allem wegen seines Eingangsbereichs interessant, der in Formen des Jugendstils gestaltet ist. Das aus massivem Mauerwerk gefügte Erdgeschoß hebt sich deutlich von der strengen, verputzten übrigen Fassade ab und bildet den Rahmen für die Ornamente im Zugangsbereich und an den Eingängen. Zum Bahnsteig gelangt man über den Gewächshausaufgang, dessen tragende Unterkonstruktion ebenso wie die Bahnsteig-Aufbauten mit roten und weißen Wandfliesen schachbrettmusterartig verkleidet sind. Nach langer Agonie erstrahlt der Bahnhof heute als Ergebnis einer denkmalgerechten Sanierung im alten Glanz.

*Erneuerte Jugendstil-Elemente im und am Bahnhof. Fotos: M. Lange, Archiv S-Bahn-Museum*

## Berlin-Lichterfelde West

Die Station ist eng verbunden mit der Siedlungsgeschichte Lichterfeldes und dem Namen des Kaufmanns und Bauherrn Wilhelm Carstenn. Am 15. Dezember 1872 eröffnet, hieß der Bahnhof zunächst Lichterfelde, ab Juli 1884 Groß-Lichterfelde und ab 1. Januar 1899 Groß-Lichterfelde West. Seit 21. März 1935 trägt er die heutige Bezeichnung, als Güterbahnhof und wegen seiner überregionalen Bedeutung – zeitweise Militärbahnhof der amerikanischen Armee – bahnoffiziell mit dem Zusatz Berlin.

Der Bahnhof trug wesentlich zur Attraktivität dieser Gegend bei und half, in der Gründerzeit nach 1871 die Einwohnerzahl Lichterfeldes kräftig anwachsen zu lassen. „Die damalige Bahnhofsanlage bestand aus einer Güterhalle, den nötigen Nebengleisen und einem Empfangsgebäude, das im Landhausstil erbaut war und als Villa genutzt werden konnte, falls die Station wegen zu geringer Frequentierung eingehen sollte" (Steglitzer Lokalanzeiger vom 21./22. September 1879).

Der asymetrische, zweistöckige Bau mit Turm, Aussichtslaube und mit dem anschließenden einstöckigen Hallenteil ist den Formen der italienischen Belvedere-Villa entlehnt, die Schinkel in Preußen einführte. Die Ausführung in gelbem Sichtmauerwerk war erst seit wenigen Jahren akzeptiert. Nach der Trennung von Vorort- und Fernverkehr 1891 blieb der Bau zur Abfertigung „allerhöchster Persönlichkeiten" bestehen. Der Vorortverkehr ging dagegen auf den neuen Bahnsteig der Wannseebahn über. Zusammen mit den Bauten an der Baseler Straße entstand eine wertvolle Platzsituation, die durch Pflege der alten Bauten, die Bäume und die Straßenpflasterung viel von ihrem historischen Charakter bewahren konnte. Seit 22. September 1978 sind Bahnhof und Vorplatz deshalb Bestandteil des geschützten Baubereichs in

*Szenen am Bahnhof Lichterfelde West.*
*Fotos: R. W. Rynerson, 1969*

*Lichterfelde West, 1985 – Akku-Triebwagen der US-Armee und BVG-S-Bahn, das Zielschild mit Kreide beschriftet.*
*Foto: Archiv S. Hilkenbach*

Lichterfelde West. Lange Zeit befand sich das Bahnhofsgebäude allerdings in einem katastrophalen Zustand.

Am 8. Juni 1965 hatte ein Feuer den linken Flügel des Gebäudes vernichtet. Die Ende der siebziger Jahre vom „Lichterfelder Bahnhofsverein" gemachten Vorschläge für ein Begegnungszentrum und die vom Bezirk favorisierte Lösung Seniorentreff ließen sich erst nach der Übernahme der S-Bahn durch die BVG realisieren. Das alte Bahnhofsgebäude wurde dann restauriert. Ein Zugang zum Bahnsteig führt um das Gebäude herum. Zur Fußgänger-Unterführung und zum Bahnsteig wurden später behindertengerechte Aufzüge in die alten Bahnhofsanlagen integriert, ohne den historischen Charakter allzu sehr zu beeinträchtigen.

**Der „General", ein Komfort-Hotel mit 1000 PS**
*Gelegentlich zu Gast in Lichterfelde war der Dieselzug, mit dem ranghohe Offiziere der amerikanischen Armee zu reisen pflegten. Im Triebwagen befanden sich Küche, Speisesaal und die Unterkünfte des Personals, die Salons waren in der anderen Zughälfte untergebracht.*
*Foto: H. Fritz, 1966*
*Archiv S. Hilkenbach*

# Die Goerzbahn – Stammbahn-Anschluß in Lichterfelde West
## 1904 bis 2004 – 100 Jahre Zehlendorfer Eisenbahn

Von Markus Hellwig, Arbeitsgemeinschaft Märkische Kleinbahn e.V.

### Kleinbahnen und Anschlußbahnen

Mit dem Preußischen Kleinbahngesetz von 1892 sollte der Bau und Betrieb nichtstaatlicher Eisenbahnen von geringerer verkehrlicher Bedeutung unterstützt werden. Auch wenn die erhoffte Wirkung vorrangig im ländlichen Raum eintrat, basieren einige der in Berlin (und im damaligen Umland) errichteten Eisenbahnen auf dieser Rechtsgrundlage.

Neben den Kleinbahnen mit öffentlichem Verkehr wurden auch Anschlußbahnen gebaut, die – als „Zubehör" von Gewerbe- und Industriebetrieben – dem nicht-öffentlichen Verkehr bestimmter Kunden dienten. Eine davon war und ist die Zehlendorfer Eisenbahn.

Die absehbare Fertigstellung des Teltowkanals im Jahre 1906 ließ im Süden Zehlendorfs ein Industriegebiet entstehen, das, neben der wasserseitigen Erschließung, auch Zugang zum Schienennetz erhalten sollte. Dazu wurde bereits im Jahre 1904 die „Zehlendorfer Eisenbahn und Hafen AG" (ZEUHAG) gegründet. Initiator war der Berliner Bankier Carl Neuburger, der u.a. Eigentümer größerer in der Gemarkung Schönow liegender Grundstücke war. Am 19. September 1905 fand die Abnahme der Anschlußbahn statt, die am Bahnhof Groß-Lichterfelde West an die Stammbahn anschloß, entlang des Dahlemer Weges verlief und schließlich nach rund drei Kilometern die Industriebetriebe am Nordufer des Teltowkanals erreichte.

### Güterwagen von Pferden gezogen

Wurden die Wagen anfangs noch mit Pferdegepannen einzeln über die Anschlußbahn gezogen, konnte im Jahre 1915 der Betrieb mit Dampflokomotiven aufgenommen werden. Im September 1917 wurde die „Optische Anstalt C. P. Goerz" als wichtiger Anschließer auch Eigentümerin der Zehlendorfer Eisenbahn, die fortan auch als „Goerzbahn" bezeichnet wurde.

### Nicht-öffentlicher Personenverkehr

Ab 1919 war dann sogar Personenverkehr zugelassen, wenn auch nicht öffentlich: Ausschließlich Beschäftigte der ansässigen Unternehmen waren zur Mitfahrt berechtigt.

Die Gleisanlagen der Bahnhöfe „Nord" (am Bahnhof Lichterfelde West) und „Süd" (an der späteren Goerzallee, auch als Bahnhof „Schönow" bezeichnet) wurden 1922 erweitert, längere Bahnsteige sowie ein zweiständiger Lokomotivschuppen errichtet. Im Jahre 1927 gab es erneut einen Eigentümerwechsel: Die ZEUHAG-Aktien wurden von der Zeiss-Ikon AG übernommen.

### Güterverkehr bis 1945

Die folgenden Jahre waren sowohl von der allgemein schlechten wirtschaftlichen Lage als auch vom unsicheren Status der Anschlußbahn geprägt. Schon früh gab es Gedanken über mögliche Alternativen. Neben der Elektrifizierung der bestehenden Bahn wurden der Anschluß an die Teltower Industriebahn (auf der anderen Kanalseite) oder auch die Umstellung auf Straßenrollerverkehr („Culemeyer") geprüft. Die sich abzeichnende Kriegsrüstung und die Notwendigkeit der Aufrechterhaltung des Betriebes beließen jedoch derartige Überlegungen im Planungsstadium.

### Güterverkehr nach 1945

Auch nach dem Zweiten Weltkrieg unterlag die Goerzbahn weiterhin militärischen Erwägungen: In die Gebäude des früheren Telefunken-Werks (am „Vierten Ring") zogen die amerikanischen Streitkräfte, die daraufhin ein erhebliches Transportvolumen für die Goerzbahn erbrachten. Der Personenverkehr wurde nach 1945 jedoch nicht wieder aufgenommen, auch gab die ZEUHAG ihre Betriebsführung an die Deutsche Reichsbahn ab. Bedient wurde die Anschlußbahn fortan durch Rangierlokomotiven vom Bahnhof Lichterfelde West aus.

Ab Dezember 1989 führte das auf dem Grundstück der früheren Spinnstofffabrik ansässig gewordene Ford-Werk zu einer enormen Steigerung des Verkehrs: In sogenannten „Logistik-Zügen" werden Kunstoffteile nach festem Fahrplan und „just in time" zur Montage in das Kölner Ford-Werk befördert.

Das inzwischen zum Ikon-Konzern gehörende Goerzwerk trennte sich 1994 von der ZEUHAG. Der Geschäftsbereich Cargo der Deutschen Bahn (DB AG) – seit jüngster Zeit gehört DB Cargo zum DB-Unternehmen Railon – übernahm die nunmehr als GmbH geführte Zehlendorfer Eisenbahn.

Heute wird die Anschlußbahn mehrmals täglich von funkferngesteuerten Loks der Baureihe 364 (DB-V60) bedient. Die AG Märkische Kleinbahn e.V. befährt seit Juni 1989 als Mitbenutzerin mit eigener Betriebsführung die Gleise der Goerzbahn mit ihren Museumsfahrzeugen.

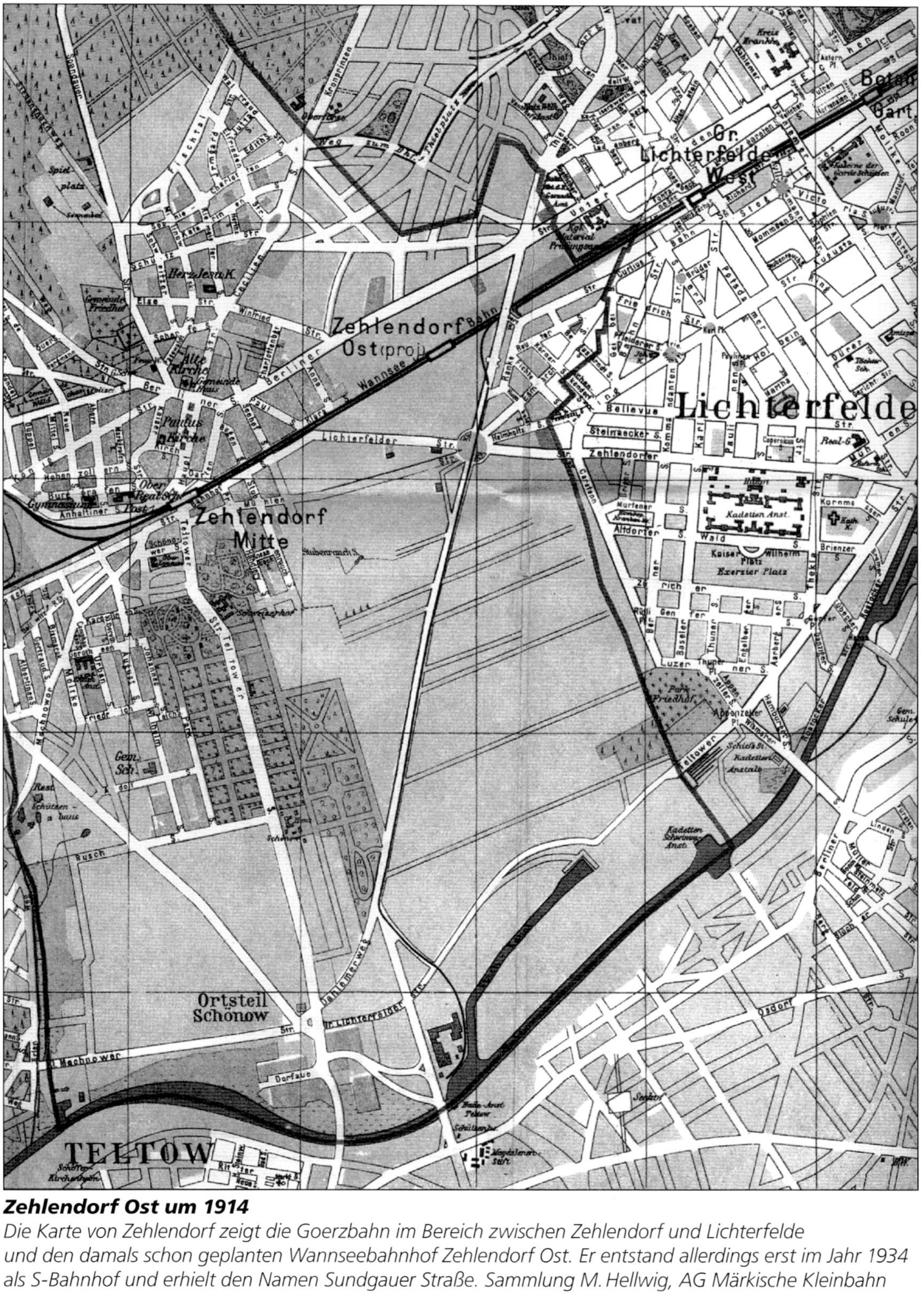


***Zehlendorf Ost um 1914***

*Die Karte von Zehlendorf zeigt die Goerzbahn im Bereich zwischen Zehlendorf und Lichterfelde und den damals schon geplanten Wannseebahnhof Zehlendorf Ost. Er entstand allerdings erst im Jahr 1934 als S-Bahnhof und erhielt den Namen Sundgauer Straße. Sammlung M. Hellwig, AG Märkische Kleinbahn*

## Ⓢ Sundgauer Straße

Anläßlich der Elektrifizierung entschied die Reichsbahn, östlich des Bahnhofs Zehlendorf Mitte eine neue Station anzulegen. Sie sollte die neuen Wohngebiete in diesem Bereich erschließen. Am 1. Juli 1934 wurde sie eröffnet, die Baukosten betrugen etwa 620000 Reichsmark. Ursprünglich sollte der Bahnhof Zehlendorf Ost heißen. Dann entschied sich die Reichsbahn für den Namen Sundgauer Straße und erinnerte damit an ein Gebiet im nach dem Ersten Weltkrieg wieder an Frankreich zurückgegebenen Elsaß. Dies paßte in die Zeit des wieder erstarkenden Nationalismus. Der flache Klinkerbau entspricht in seinem Stil den typischen Bauten der Deutschen Reichsbahn-Gesellschaft im Berlin der zwanziger und dreißiger Jahre. Vor der Wiederinbetriebnahme 1985 wurde die Station denkmalgerecht restauriert. Wie auch bei anderen Stationen wurden dabei die nicht mehr benötigten Diensträume der Bahn für die Vermietung an Geschäfte umgestaltet. Dies belebt die Station und ist eine sinnvolle Weiterentwicklung der Bauten.

***Bahnhof Sundgauer Straße***
*Architekt: R. Brademann. Foto oben: M. Lange, Postkarte von 1934: Archiv S. Hilkenbach*

## Ⓢ Berlin-Zehlendorf

Am 22. September 1838 wurde zwischen Zehlendorf und Potsdam der erste Eisenbahnverkehr in Preußen aufgenommen. Der Streckenabschnitt zwischen Berlin und Zehlendorf ging erst am 29. Oktober 1838 in Betrieb. Größere Bedeutung erhielt der Bahnhof, als hier ab 1874 die Alte Wannseebahn abzweigte. 1891 entstand an der Nordseite der Unterführung des Teltower Dammes ein neues Bahnhofsgebäude, von dem man durch einen Tunnel und den „Gewächshausaufgang" den quer über der Straße liegenden Mittelbahnsteig mit seinen gußeisernen Säulen erreichte. Das Gebäude war ein Backsteinbau mit an die Gotik erinnernden Formen.

In den Jahren von 1910 bis 1914 vollzog sich in mehreren Abschnitten der Ausbau des Bahnhofs Zehlendorf. Um die Bankierzüge problemlos von der Alten Wannseebahn auf das Ferngleis in Richtung Berlin leiten zu können, entstand eine Brücke über die Stammbahn, die erst 1982 entfernt wurde. Der Bahnhof erhielt außerdem den Bahnsteig an der Stammbahn, wo heute noch die alten Holzbänke, der Rest eines „Hampelmanns" (Fahrtrichtungsanzeiger) und die Diensträume aus der Zeit vor dem Ersten Weltkrieg zu sehen sind.

Pläne der Reichsbahn, die Stammbahn bis Potsdam ebenfalls mit separaten Gleisen für die S-Bahn zu versehen und den Güterbahnhof Zehlendorf zu verlegen, wurden nicht realisiert.

Den Zweiten Weltkrieg überstand das Bahnhofsgebäude nicht, es erhielt 1943 einen Bombenvolltreffer, so daß nur ein Haufen Schutt übrigblieb. Noch im Krieg entstand stattdessen eine flache, unverputzte Backsteinbaracke.

Ab 1948 pendelte von Zehlendorf ein elektrischer S-Bahnzug auf den Resten der Stammbahn nach Düppel. Es handelte sich oftmals um den Viertelzug 275 659/660, dem späteren Museumszug der Deutschen Reichsbahn, der weitgehend in seiner Ursprungsform erhalten ist.

1955 wurde die Unterführung des Teltower Dammes für Doppeldeck-Omnibusse benutzbar gemacht. Anfang der sechziger Jahre erhielt die Bahnhofsbaracke eine etwas gefälligere Form und wurde kurz vor ihrer Stillegung im September 1980 beim Einbau eines Reisebüros sogar neu verputzt.

Bei der Modernisierung zur Strecken-Wiederinbetriebnahme 1985 wurde die Baracke abgerissen. Am Tunnelzugang entstanden ein kleines Gebäude für den Fahrkartenverkauf, eine große S-Bahn-Reklamesäule (Klinkerpfeiler) und ein Park-&-Ride-Platz für Fahrräder. Aus dem früheren internen Bahnhofsdurchgang wurde eine lichte öffentliche Passage. Geschäfte und neue Gewerbe machen den Bahnhof wieder zu einem quirligen Mittelpunkt im Ortsteil. Der ehemalige Güterbahnhof erwachte damals zu neuem Leben, wird aber heute nicht mehr als Bahnmeisterei genutzt. Die damals erneuerten Gleise sind abgebaut, der sanierte alte und um einen Neubau ergänzte Güterschuppen steht zur Vermietung.

Ohne Nutzung ist der nur teilweise sanierte Bahnsteig an den Stammbahngleisen.

*Der Bahnhof Zehlendorf um 1930, die Baracke im Jahr 1958 und der Zugangsbereich des Bahnhofs heute. Fotos: Archiv S-Bahn-Museum*

# Personenstation im Schnittpunkt der Wannseebahn mit der Beerenstraße

Quelle: Akten des Berliner Landesarchivs

**Vertrag zwischen dem Königlich-Preußischen Eisenbahnfiskus und dem Vorstand der Landgemeinde Zehlendorf (Kreis Teltow)**

**§ 1** Die Landgemeinde Zehlendorf trägt die gesamten Anlagekosten einschließlich der Dienstwohungen für 3 mittlere und 7 untere Beamte, auf mindestens 5 Jahre den Betriebsaufwand für die Station in Form eines Pauschbetrages.

... Die Landgemeinde Zehlendorf verpflichtet sich das zur Anlage der Station einschließlich der Erbauung der Dienstgebäude benötigte Gelände unentgeltlich sowie schulden-, lasten- und kostenfrei der Staatseisenbahnverwaltung zu übereignen.

**§ 2** Die Landgemeinde ... verpflichtet sich ferner bei Aufstellung eines Bebauungsplanes für ihren Gemeindebezirk von vornherein den Wünschen der Staatseisenbahnverwaltung auf den späteren viergleisigen Ausbau der Bahnstrecke Zehlendorf – Schlachtensee Rechnung zu tragen.

... Die Anlagekosten der neuen Station, mit Ausnahme der Kosten für das benötigte Gelände derselben sowie der Kosten für die Herstellung der Straßenrampen, der in ihrer Höhenlage zu senkenden Beerenstraße und ihrer Anschlusspunkte sind auf 345 000 Mark überschlägig ermittelt. Der Pauschbetrag für den fünfjährigen Betriebsaufwand wird auf 75 600 Mark festgesetzt. ...

**§ 4** Wenn die Erbauung seitens der Staatseisenbahnverwaltung erfolgt, sind dieser sämtliche entstehenden sächlichen und persönlichen Kosten für Bauausführung, zzgl. 5 % der verauslagten Baukosten zu berechnen.

**§ 5** Die Landgemeinde übernimmt auch die Kosten des Abtretungsgeschäfts einschließlich der Vermessung und Absteckung, der Beschaffung der Katastermaterialien und die unmittelbaren Auslagen (Tagegelder und Reisekosten) der beauftragen Beamten.

**§ 6** Die Landgemeinde übernimmt die Kosten der Prüfung und dauerhaften Instandhaltung der Straßen und alle Ansprüche Dritter aus Anlass der Unterführung.

**§ 7** Zehlendorf erhält einmalig 30 000 Mark als Zuschuss, sobald der Schrankenwärterdienst eingestellt werden kann."

**Regierungsrat Walter Glatzel, der Generalbevollmächtigte des Fürsten schlägt der Eisenbahndirektion am 15. August 1907 vor,**

im „Namen meines Machtgebers, Seiner Durchlaucht des Fürsten von Donnersmarck, und des Herrn Director Adolf Gradenwitz ergebenst in Anregung zu bringen, der neuen Station den Namen Zehlendorf West, mit welchem die Station in den beteiligten Kreisen schon bisher bezeichnet zu werden pflegt, nunmehr auch amtlich zu verleihen. Da die Station westlich von der alten Haltestelle Zehlendorf liegt, ist diese Bezeichnung als kurz, ansprechend und die Situation treffend zu empfehlen." Donnersmarck und Gradenwitz erklären sich bereit, fünf Sechstel der Kosten der Umbenennung zu übernehmen.

**Schreiben an die Kgl. Eisenbahndirektion vom 2. Mai 1910:**

„Die Zehlendorf-West Terrain-Aktiengesellschaft sowie die Gemeinde Zehlendorf haben bei der Erbauung des Bahnhofs Beerenstraße und bei der Anlage der benachbarten Straßen und Plätze ganz erhebliche Aufwendungen gemacht, um diese Gegend in architektonischer und gartentechnischer Beziehung hervorragend auszugestalten ... der Platz gewährt jetzt einen zukünftig durchaus befriedigenden Anblick, der aber bedeutend herabgesetzt wird durch die in der Nähe des Bahnhofsgebäudes auf dem Bahnkörper aufgestellte Wellblechbude, einen daneben gestellten Güterwagen ohne Untergestell und durch aufgestapelte Holzvorräte. Ich bitte ergebenst, die Beseitigung dieser die Gegend verunstaltenden Baulichkeiten aus dem Gesichtskreis der Bahnhofsplätze anzuordnen indem ich auf § 1 des in einem Abdruck beigefügten Verunstaltungsortsstatus verweise, nach welchem auch der Bahnhof Beerenstraße unter die gegen Verunstaltung geschützten Gebäude fällt."

**Antwort der Eisenbahn am 20. Mai 1910:**

„... wird in den nächsten Tagen vollzogen."

## Ⓢ Mexikoplatz

Das am 1. November 1904 eröffnete Bahnhofsgebäude gilt als eines der schönsten in Berlin. Es wurde in dem in Berlin selten zu findenden Jugendstil errichtet. Entwurfsverfasser waren Hart & Lesser, die sich mit ihrem Konzept unter dem Motto „Ohne Ornament" in einem Wettbewerb gegen ihre Mitbewerber durchsetzen konnten. Auch hier zeichnete eine Grundstücksgesellschaft für den Bahnhofsneubau verantwortlich.

1981 wurde für den Mexikoplatz wegen seiner städtebaulichen Bedeutung ein Erhaltungsgebot zur Sicherung des Ortsbildes verhängt. Die Bebauung rund um den Platz, die Freianlagen und der Bahnhof selbst wurden Stück für Stück restauriert. Nur der Wasserturm hinter der Empfangshalle fehlt, er wurde 1956 abgerissen. Ansonsten präsentiert sich der Bahnhof weitgehend im Ursprungszustand.

Am 7. März 1987 erhielt der Bahnhof seinen heutigen Namen, nachdem er schon Zehlendorf Beerenstraße, ab 15. November 1911 Zehlendorf West und ab 28. September 1958 Lindenthaler Allee geheißen hatte.

Rund 100 Jahre nach seiner Eröffnung ist das Empfangsgebäude verkauft worden. Das unter Beachtung denkmalpflegerischer Belange renovierte Bauwerk wurde zum Einkaufsort, die Bahnhofsfunktion zur Nebenaufgabe.

***Zehlendorf, Bahnhof Beerenstraße***
*Realisiert wurde hier der Kuppelbau der beiden Architekten Hart und Lesser. Postkarte unten: Archiv S. Hilkenbach*

*Die Entwürfe von Eugen Kühn (links) und Otto Kuhlmann erhielten nur zweite Preise. Zeichnungen und Foto oben: Archiv S-Bahn-Museum*

*Zehlendorf Beerenstraße um 1909*

## Ⓢ Schlachtensee

Der Bahnhof Schlachtensee wurde am 1. Juni 1874 mit zwei Seitenbahnsteigen eröffnet, zum 1. Oktober 1891, etwas östlich zur alten Anlage versetzt, mit einem Inselbahnsteig im Stil der Bahnhöfe der Neuen Wannseebahn umgebaut. Der Zugang befindet sich unter den Gleisen. Das Bahnhofsgebäude auf der Südseite der Bahn hat keinen Bezug mehr zu den Bahnhofsanlagen. Der Backsteinbau, der als Restaurant und für Wohnzwecke dient, ist baulich verwandt mit dem Belvedere-Typ des Bahnhofs Lichterfelde West, ihm fehlt aber bereits seit Jahrzehnten die Aussichtslaube auf dem zum Bahnkörper gehörenden Turm. Auf der Bahnseite steht noch heute ein Wasserkran aus der Ära der Dampflokomotiven.

*Um 1981 außer Betrieb – Wasserkran …*

*… und Bahnsteig. Fotos: IGEB-Archiv*

***Ausflugsbahnhof Schlachtensee***
*Der Bahnhofszugang zum See.*
*Die Stromschiene*
*verrät das Aufnahmedatum nach 1933.*
*Foto: Historische Sammlung DB AG*

***Bahnhof Schlachtensee um 1900***
*Foto: Archiv S. Hilkenbach*

*Wannseebahn am Bahnhof Nikolassee – Unterquerung der Wetzlarer Bahn. Foto, 1988: M. Müller*

## Ⓢ Nikolassee

Auch dieser Bahnhof wurde auf Betreiben einer Grundstücksgesellschaft errichtet, der das Gelände rund um die Bahn gehörte. Das Empfangsgebäude wurde am 1. Mai 1902 feierlich eingeweiht. Neben den Baukosten mußten von der Heimstätten AG auch Betriebskostenzuschüsse an die Bahn gezahlt werden. Da der Bahnhof neben seiner Funktion als Verkehrsanschluß auch den Wohlstand der Bodengesellschaft und der Bauherren demonstrieren sollte, mußte eine sehr prächtige Gestaltung gewählt werden. Im Stil der märkischen Backsteingotik präsentiert sich das Bahnhofsgebäude, das durch die reich gegliederte Fassade, das tief heruntergezogene Dach, die vielen Zinnen, Balkone und Bögen sowie vor allem mit dem dominierenden Turm als Schloß oder Märchenburg erscheint.

Der Bahnhof wurde, damals noch inmitten eines Waldgebiets gelegen, in Betrieb genommen. Später entwickelte sich hier eine reiche Villengegend mit

**In großem, weit sichtbarem Drucke ...**

**Der Ortsverein Nikolassee schrieb am 18. März 1918 an die Königliche Eisenbahndirektion Berlin:**

Quelle: Akten des Berliner Landesarchivs

„Die seitens der Königlichen Eisenbahnverwaltung im Gebäude und auf den Bahnsteigen der Station Nikolassee angebrachten Fahrpläne sind zur raschen Orientierung der die Bahn benutzenden Fahrgäste nicht geeignet, weil die Zahlen auf ihnen nur in kleinem Druck gegeben sind und deshalb nur aus nächster Nähe gelesen werden können. Unser Verein beabsichtigt deshalb, ähnlich, wie dies auf dem Bahnhof Zehlendorf geschehen ist, in den Durchgängen zu den Bahnsteigen in Nikolassee Tafeln aufhängen zu lassen, welche die Abfahrtszeiten der Züge nach den verschiedenen Richtungen in großen, weit sichtbarem Drucke enthalten. Wir bitten die Königliche Eisenbahndirektion uns hierzu die Erlaubnis zu geben.

Hochachtungsvoll, im Auftrage Reh – Schriftführer"

dem Hohenzollernplatz im Mittelpunkt. Der Bahnhof, auf den die Straßen zulaufen, das Rathaus sowie die Wohn- und Geschäftshäuser bilden mit den Grünanlagen ein repräsentatives Ortszentrum.

Mitte der dreißiger Jahre des 20. Jahrhunderts entstand der zweite Verbindungsgang zwischen den Bahnsteigen, der zugleich den Weg zum Strandbad Wannsee etwas verkürzen sollte. Leider erlauben seine Wände heute keinen Ausblick mehr auf die üppige Vegetation zwischen den zwei Bahnsteigen.

Nach Übernahme der S-Bahn durch die BVG wurde das Empfangsgebäude äußerlich denkmalgerecht restauriert. Die Bahnsteige, auf denen der Reisende die so charakteristischen gußeisernen Säulen der Wannseebahn, die gefliesten Diensträume und die Gewächshausaufgänge der Berliner S-Bahn findet, sind dagegen nur Schritt für Schritt repariert worden.

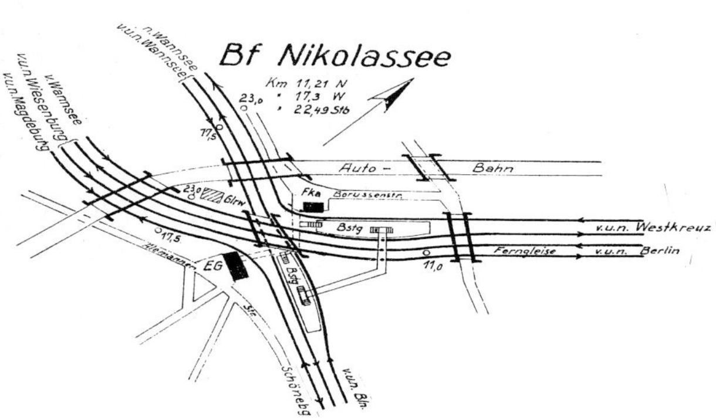

***Bahnhof Nikolassee,***
***Blick vom Hohenzollernplatz.***
***Foto: U. Dittfurth***

***Bahnhof Nikolassee um 1910***
*Postkarte:*
*Archiv S. Hilkenbach*

***Innenansicht um 1902***
*Gleisplan (um 1960) und Foto:*
*Archiv S-Bahn-Museum*

*Das alte Empfangsgebäude des Bahnhofs Wannsee von 1878. Foto, um 1921: Archiv S.Hilkenbach*

## Ⓢ Berlin-Wannsee

Am 1. Juli 1874 wurde der Bahnhof eröffnet. Er trug bis 1878 den Namen „Wannensee", dessen zusätzlicher Bahnsteig an der Wetzlarer Bahn zunächst den Namen „Dreilinden". Mit den Gleisanlagen der Wetzlarer Bahn verfügte der Bahnhof schon um 1879 über umfangreiche Gleisanlagen, die 1882 bis 1884 zum Bahnhof Wannsee vereinigt wurden. Ab 1913 fuhren zusätzlich die Züge der „Friedhofsbahn" nach Stahnsdorf. Für viele Züge aus Berlin war der Bahnhof Wannsee Endpunkt.

Um 1925 wurden die schon alten Pläne aufgenommen, die Bahnanlagen auf drei Bahnsteige zu erweitern und ein neues Empfangsgebäude zu schaffen. Die bisherigen Anlagen konnten den Umsteige- und Ausflugsverkehr kaum mehr verkraften. Nachdem das alte backsteinerne Empfangsgebäude abgerissen worden war, entstanden die neuen Anlagen.

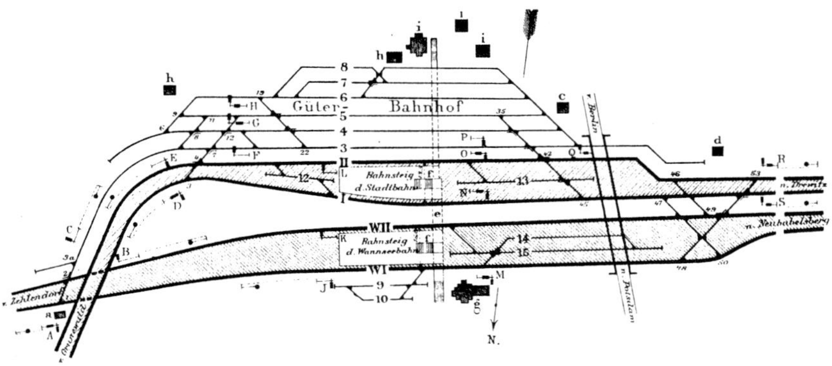


***Gleisanlagen und Gebäude im Bahnhof Wannsee um 1891***
*Aus: Zeitschrift für Bauwesen, 1893, Archiv S-Bahn-Museum*

***Empfangshalle des Bahnhofs Wannsee, 1928***
*Architekt Richard Brademann. Foto: Archiv S-Bahn-Museum*

Ostern 1928 konnte das neue Empfangsgebäude dem Verkehr übergeben werden. Es entstand nach einem Entwurf des Architekten Richard Brademann, der den Baustil der Reichsbahn während der zwanziger Jahre wesentlich beeinflußte. Der neue Bau verwendet Formen des Expressionismus. Mit der achteckigen Halle, um die sich alle wichtigen Einrichtungen des Bahnhofs gruppieren, war er auch stärkstem Andrang gewachsen. Durch das neue, flache Gebäude und den Straßenverlauf ergab sich ein dreieckiger Bahnhofsvorplatz, dessen alte Bäume bewußt erhalten wurden und alle Bauten hoch überragen. Der Bau einer eingeschossigen Ladenzeile entlang des Platzes nach dem Zweiten Weltkrieg schuf eine geschlossene Anlage, die dem Charakter einer Ausflugsgegend durch Cafès und andere kleine Geschäfte ausgezeichnet gerecht wird.

Als der Fernbahnhof Wannsee am 26. September 1976 als Haltepunkt für Transitzüge zwischen West-Berlin und Westdeutschland wiedereröffnet wurde, renovierte die Deutsche Reichsbahn die Anlagen. Doch scheint das denkmalgeschützte Empfangsgebäude heute allmählich zu verkommen. Bröckelnde Fassaden außen, abgeschlagene Fliesen innen sind weder Werbung für die Bahn noch einladend für den Freizeitverkehr.

*Ausflugsverkehr am neuen Bahnhof Wannsee. Postkarte, um 1929: Archiv S. Hilkenbach*

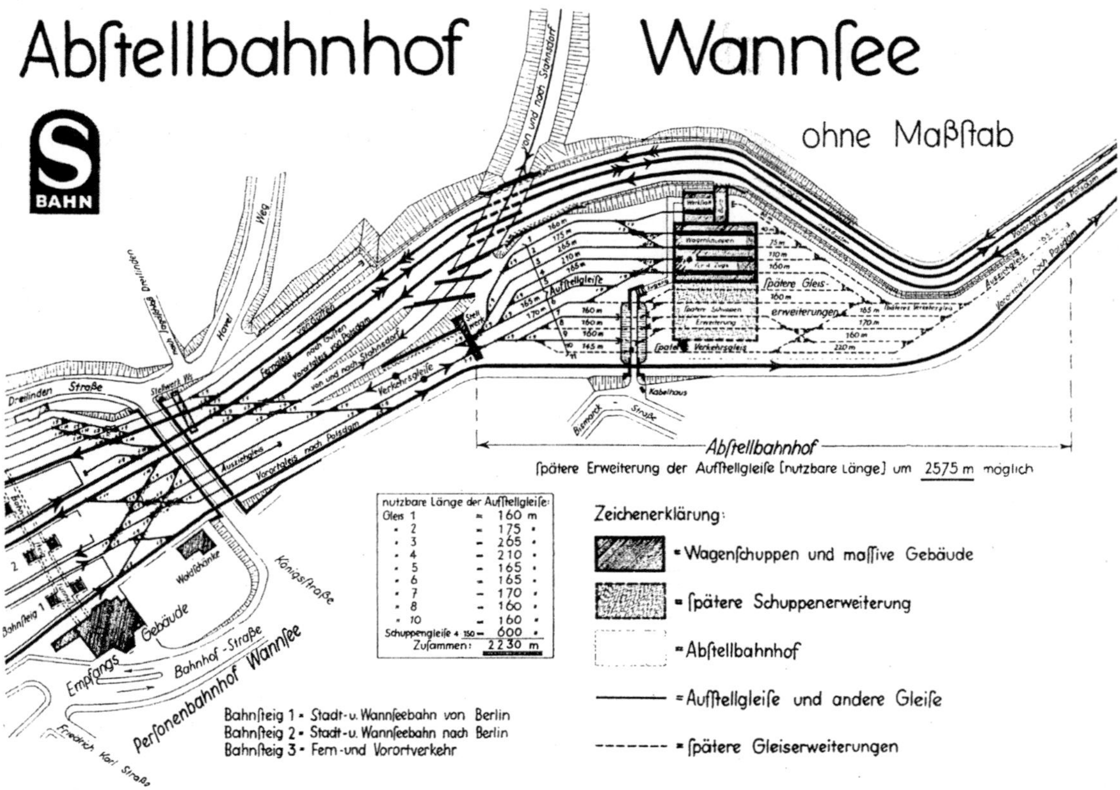


*Bahnhof Wannsee, Gleis- und Lageplan aus: Verkehrstechnische Woche, 1933*

## Wannsee, Gustav-Hartmann-Platz

Auf dem Vorplatz des Bahnhofs Wannsee hatte der Pferdekutscher Gustav Hartmann seinen angestammten Droschken-Halteplatz. Obwohl es bereits die Konkurrenz der Motor-Droschken gab, wartete Hartmann hier Tag für Tag, bis der letzte Zug aus Berlin eingetroffen war. Weil er bei Wind und Wetter ausharrte, nannten ihn seine Kollegen den „Eisernen Gustav".

Just als die Strecken-Elektrifizierung Wannsee erreichte, da protestierte Hartmann auf seine Weise gegen die moderne Technik. Am 2. April 1928 startete er – 68jährig – zu seiner legendären Kutschfahrt von Berlin nach Paris.

Mit seiner Pferde-Droschke wurde Hartmann in allen Orten stürmisch begrüßt, und sein Eintreffen in Paris fand große Beachtung, sogar in der internationalen Presse. Groß gefeiert wurde er bei seiner Rückkehr in Berlin. Die Reise des „Eisernen Gustavs" – ein letzter Triumph von Pferd und Wagen über die Verkehrsmittel der Moderne.

## Das S-Bahn-Betriebswerk Wannsee

Südlich des Bahnhofs Wannsee entstand 1933 anläßlich der Elektrifizierung der Wannseebahn ein S-Bahn-Betriebswerk (S-Bw), wo die Züge gereinigt und zusammengestellt sowie kleinere Reparaturen durchgeführt werden. Es verfügte über eine Reihe von Abstellgleisen, einen Wagenschuppen, in dem vier Vollzüge (Acht-Wagen-Züge) Platz fanden, ein Werkstatt-Hallengleis für einen Viertelzug (Zug aus zwei Wagen) sowie einen Bürotrakt. Außerdem wurde ausreichend Platz für spätere Erweiterungen berücksichtigt.

Nach der Übernahme der S-Bahn durch die BVG wurde die gesamte Anlage, nunmehr Betriebswerkstatt genannt, ab 1985 ausgebaut. Die Werkstatthalle wurde verlängert und neben der bestehenden Fahrzeughalle entstand eine weitere, dreigleisige mit Waschanlage. Die Gleise und Einrichtungen wurden erneuert, und das in Richtung Potsdam führende Gleis wurde bis Kohlhasenbrück für Prüffahrten der Züge in Betrieb genommen.

*Heute enden die Gleise der Wannseebahn hier, im S-Bw Wannsee, der Betriebswerkstatt im Grünen.*
*Foto: Frenzel/Kabisch, 1999*

## Ⓢ Griebnitzsee
**früher Neubabelsberg und Babelsberg Ufa-Stadt**

Zwar endet die elektrische Wannseebahn heute regulär in Wannsee, doch als die Alte Wannseebahn 1874 von Zehlendorf über Schlachtensee in Betrieb ging, da reichte diese Strecke bis zum Griebnitzsee. Der Bahnhof dort, in dem heute die S-Bahnen von und nach Potsdam halten, war Teil der Wannseebahn. Er erhielt den Namen Neubabelsberg, die Einbindung in die Stammbahn in Richtung Potsdam lag westlich des Bahnsteigs.

***„Das deutsche Haus"***
*als Empfangsgebäude des Bahnhofs Neubabelsberg.*
*Foto: Stadt- und Landesbibliothek Potsdam*

Mit der Einrichtung des Bahnhofs in Neubabelsberg wurde auch für ein Stationsgebäude gesorgt. Der Pavillon „Das deutsche Haus", gebaut für die Weltausstellung 1873 in Wien, wurde von der Berlin–Magdeburger Eisenbahn-Gesellschaft erworben und als Empfangsgebäude an der Bahnstation Neubabelsberg wieder aufgebaut. Das Werk der Architekten W. Kyllmann und A. Heyden war nach Ende der Weltausstellung durch Veröffentlichung einer Aufforderung zum Gebot offiziell zum Verkauf auf Abriß ausgeschrieben worden.

Zusätzlich hatte die Eisenbahn-Gesellschaft einen weiteren Holzbau erworben: Der „Kaiserpavillon", in dessen Wänden anläßlich der Weltausstellung in Wien ein Drei-Kaiser-Treffen stattfand, sollte bis zur Fertigstellung des alten Empfangsgebäudes die Bahngebäude in Wannsee ergänzen und wurde etwa 80 Meter weiter westlich aufgestellt.

Nach Eröffnung der Stadtbahn in Berlin entstand ab 1882 Bedarf, in Neubabelsberg weitere Bahnsteige an den Gleisen der Stammbahn anzulegen. Um Züge von Potsdam aus nicht nur zum Potsdamer Bahnhof in Berlin führen zu können, sondern auch nach Charlottenburg und auf die neue Berliner Stadtbahnstrecke, wurde Neubabelsberg zum Verzwei-

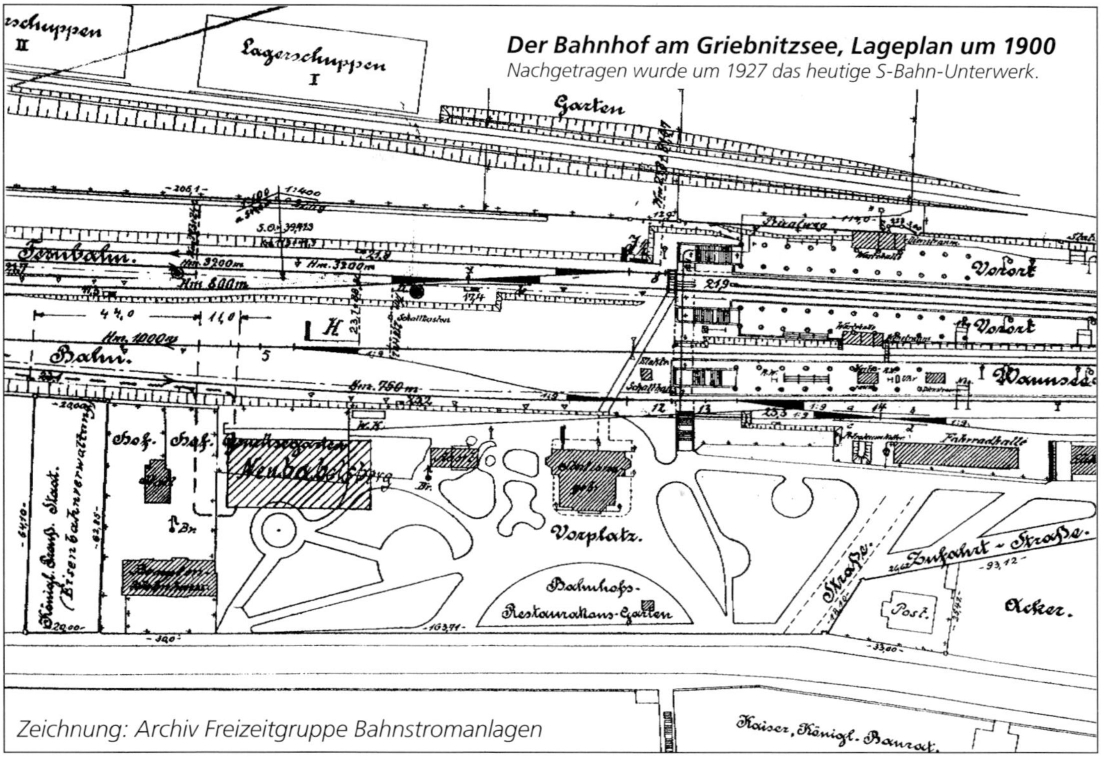


**Der Bahnhof am Griebnitzsee, Lageplan um 1900**

*Nachgetragen wurde um 1927 das heutige S-Bahn-Unterwerk.*

*Zeichnung: Archiv Freizeitgruppe Bahnstromanlagen*

gungsbahnhof. Neben dem Inselbahnsteig der Wannseebahn legte man zwei Seitenbahnsteige an den Stammgleisen an. Ab 1888 wurde die Wannseebahn westlich von Neubabelsberg zweigleisig und parallel zur Stammbahn in einen separaten Teil des Bahnhofs in Potsdam geführt. Ab 1. Oktober 1891 bildeten die Neue Wannseebahn, die Alte Wannseebahn und der zweigleisige Streckenabschnitt bis Potsdam gemeinsam eine nun durchgehend zweigleisige Vorortstrekke zwischen dem Potsdamer Wannseebahnhof in Berlin und Potsdam.

Die Station Neubabelsberg erhielt am 1. April 1938 passend zum Tonfilm-Zeitalter die Bezeichnung Babelsberg Ufa-Stadt, seit dem 1. April 1949 trägt sie den heutigen Namen Griebnitzsee.

## Ⓢ Babelsberg

**früher Neuendorf, Nowawes-Neuendorf und Nowawes**

Die Eisenbahn hielt hier erstmals 1862, als – damals in Neuendorf – die Hofzüge des preußischen Königs Station machten. Ab 1866/68 für den öffentlichen Verkehr freigegeben, lag der zunächst bescheiden ausgestattete Haltepunkt an der Stammbahn, westlich des heutigen Bahnhofs. Er hatte zunächst einen, später zwei Seitenbahnsteige. Als hier die Strecke ab 1888 viergleisig ausgebaut und in die Dammlage gebracht wurde, erhielt die Station den Inselbahnsteig an der Vorortstrecke. Dieser Bahnhof trug ab 1. Mai 1890 die zweisprachige Bezeichnung Nowawes-Neuendorf und ab 1908 ausschließlich die Bezeichnung Nowawes (deutsch: Neudorf).

Seinen heutigen Namen „Babelsberg" bekam der Bahnhof am 1. April 1938. Damals wurde der slawische Ortsname durch den Namen des preußischen Schlosses ersetzt.

Seit 1928, seit der „Großen Elektrisierung der Berliner Stadt-, Ring- und Vorortbahnen", halten am Vorortbahnsteig Nowawes wie am ehemaligen Wannseebahnsteig Neubabelsberg nur noch die Züge des (ab 1930 so bezeichneten) elektrischen S-Bahnverkehrs. Die drei Potsdamer S-Bahnhöfe werden seitdem von Berlin aus in aller Regel statt über die Wannseebahn über die Vorortstrecke durch den Grunewald bedient. Die Wannseebahn auf Berliner Gebiet, die nicht mit der Großen Elektrisierung, sondern erst 1933 elektrisch wurde, verlor damit die Verbindung zu ihrem ehemaligen Streckenteil im Potsdamer Raum im Jahr 1928.

# 1. Wannseebahn und Siedlungsentwicklung

## Die Vorgeschichte des S-Bahnverkehrs

*Wannseebahn und Siedlungsentwicklung – bis in die dreißiger Jahre des 20. Jahrhunderts hinein waren dies stets die zwei Seiten ein und derselben Medaille: Die Bahn erschloß die bestehenden Orte, durch zusätzliche Bahnhöfe wurden neue Orte geschaffen.*

*Heute bietet die Wannseebahn Gelegenheit zu einer Zeitreise durch sämtliche Siedlungsformen Berlins: Wer im Zentrum startet, erlebt zunächst die Mietskasernen, fährt an dichten, bürgerlichen Wohnquartieren unterschiedlicher Epochen vorbei, um schließlich im Villenvorort zu enden.*

*Kaum eine Fabrik, allenfalls die brachiale – an der Wannseebahn entlang geschlagene – Schneise der Stadtautobahn, stört die Städtebau- und Architektur-Exkursion …*

### Außerhalb und innerhalb der Ringbahn

Als 1838 die Potsdamer Bahn, die Stammstrecke aller weiteren Eisenbahnen in Preußen, eröffnet wurde, gab es entlang der Strecke nach Potsdam eigentlich keinen Ort, der (schnell)bahnwürdig gewesen wäre: Schöneberg (2000 Einwohner), Steglitz (200 Einwohner) und Zehlendorf (580 Einwohner) waren unbedeutende Dörfer. Ensprechend einfach ausgestattet waren die angelegten Haltepunkte. Ansonsten gab es entlang der Bahn Feldwege und weitgehend landwirtschaftliche Leere in der märkischen Streusandbüchse.

Nach 1860 fiel die Berliner Stadtmauer, und James Hobrecht steckte für Berlin und die benachbarten Vororte in seinem Bebauungsplan die Entwicklungsachsen ab. Der Plan für die „größte Mietskasernenstadt der Welt" war ausgebreitet, das Proletariat der wachsenden Industriemetropole konnte seine Bleibe finden. Die Ringbahn markierte als moderne Stadtmauer das steinerne Berlin. Jenseits der Ringbahn sollte sich das Gegenmodell zu der schon 1870 als „barbarischen Wohnform" charakterisierten Mietskaserne entwickeln *(Julius Posener: Berlin – Gründung der Gartenvororte).*

*Lichterfelde West, die Drakestraße um 1900. Postkarte, Archiv S. Hilkenbach*

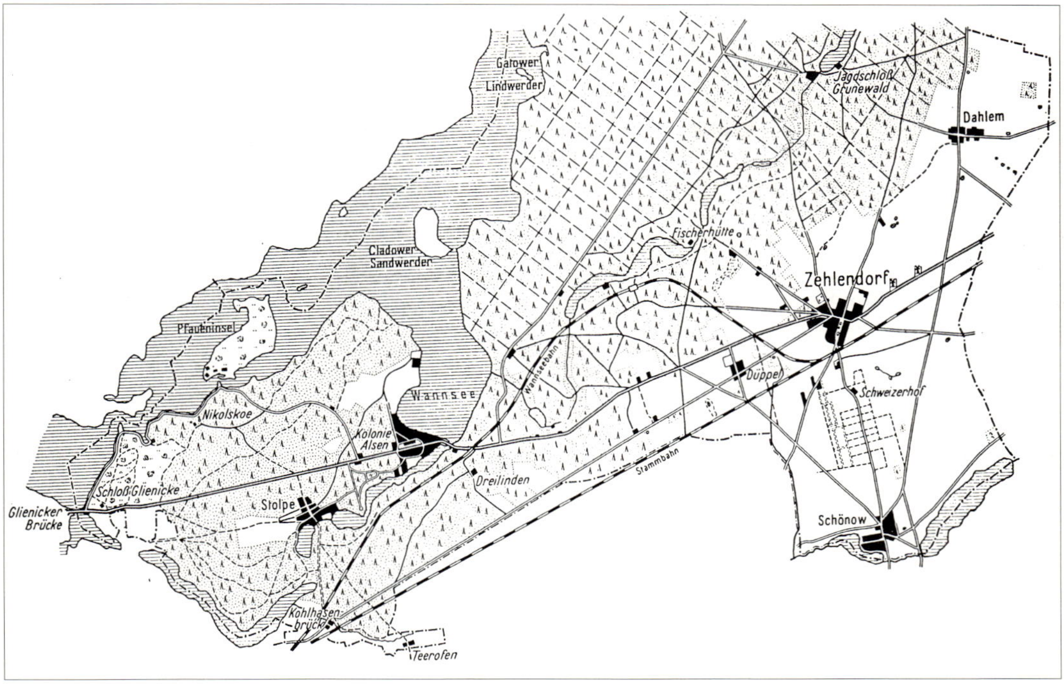


***Siedlungskerne und Wannseebahn im Zehlendorfer Raum um 1875***

*Kartendarstellung aus: Zehlendorf – der Grüne Bezirk, Berlin 1957*

1868 empfing der Kaufmann Wilhelm Carstenn König Wilhelm I. in der von ihm neu gegründeten Kolonie Lichterfelde (d. h. einem unabhängig von der Kernstadt entstandenem und funktionsfähigem Wohngebiet): „Majestät, nach den Errungenschaften des Jahres 1866 [*Erringung der preußischen Vorherrschaft in Deutschland, Bildung des Norddeutschen Bundes*] ist Berlin zur ersten Stadt des Kontinents berufen, und was seine räumliche Ausdehnung anbelangt, so muß Berlin und Potsdam eine Stadt werden ..." Carstenn entwickelte einen weitsichtigen Plan, wie – den Grunewald als Park aussparend – Berlin und Potsdam durch eine Reihe von Vororten zusammenwachsen sollten. Untrennbar sind die Ortsteile Friedenau (ab 1871) und Lichterfelde (ab 1866) mit seinem Wirken verbunden. Durch niedrige Bodenpreise wollte er das Bauen zu günstigen Konditionen ermöglichen, und so nicht nur den Reichen ein Leben in menschenwürdigen Umständen erlauben. Leider spielte der Fiskus, dem viele Flächen gehörten, dabei nicht mit. Mit unmäßigen Forderungen ruinierte er Carstenn. Trotzdem war mit diesem Konzept die Entwicklung bis zum Ersten Weltkrieg und auch noch für die Zwischenkriegszeit abgesteckt. Terraingesellschaften erwarben die Forst- oder Landwirtschaftsflächen, legten die Straßen und weitere Infrastruktur an, parzellierten das Gelände und verkauften es als Bauland teuer weiter. Die ursprünglichen Besitzer machten dabei ebenfalls einen guten Schnitt: Der Begriff „Millionenbauer" ist heute noch bekannt.

**Die „Wahnsinnsbahn auf Conrädern"**

Einer, der erfolgreich nach diesem Schema agierte, war der Berliner Bankier Wilhelm Conrad. Da er über Geld verfügte und im Eisenbahngeschäft mitmischte, fiel es ihm nicht schwer, Immobilienspekulation und Verkehrserschließung miteinander zu verbinden. 1874 entstand so die Alte Wannseebahn, die in Zehlendorf von der Stammbahn abzweigte und über Schlachtensee und Wannsee zum Griebnitzsee, dort wieder Anschluß an die Stammstrecke findend, verlief. Wannsee, Nikolassee, Schlachtensee, Mexikoplatz – das waren damals alles noch Waldflächen. Bald sollten es noble Wohnorte werden. Herr Conrad wurde erst belacht: die „Wahnsinnsbahn auf Conrädern", dann wegen der Gewinne beneidet.

*Nikolassee – Bahnhofsbau auf „grüner Wiese". Foto (um 1901): Archiv S-Bahn-Museum*

## Bahnausbau und Vororttarif

Nach der Verstaatlichung der Potsdamer Bahn im Jahre 1880 wurde 1886 das alte Projekt, diese Bahn vom Potsdamer Bahnhof in Berlin bis Zehlendorf viergleisig auszubauen und einen vom Fern- und Güterverkehr unabhängigen Vorortverkehr zu schaffen, wieder aufgegriffen und fünf Jahre später verwirklicht. Am 1. Oktober 1891 wurden der Wannseebahnhof in Berlin und die Neue Wannseebahn eröffnet. Damit ging auch das eigene Gleispaar des Vorortverkehrs zwischen Neubabelsberg und Potsdam in Betrieb, auf dem sowohl die Züge über Zehlendorf als auch die von und zur Stadtbahn fuhren. Die Grundvoraussetzung für die Anlage der Neuen Wannseebahn war die Beseitigung aller schienengleichen Übergänge und die Anlage eines neuen Bahnhofs in Berlin. Die Bahnhöfe (außer Potsdam) erhielten durchweg 200 Meter lange, überdachte Mittelbahnsteige. Ihre Gestaltung mit Aufbauten und Überdachung folgte einheitlichen Grundsätzen. Die Wannseebahn bildete damit den Prototyp für andere Strecken des Vorortverkehrs.

Am Eröffnungstag der Neuen Wannseebahn trat auch der Berliner Vororttarif in Kraft, mit dem sich die Eisenbahnverwaltung eine Steigerung des Verkehrs erhoffte.

1900 bis 1902 wurde auf der Wannseebahn bis Zehlendorf ein elektrischer Versuchsbetrieb durchgeführt, der allerdings keine befriedigenden Ergebnisse erbrachte, da durch den Mischbetrieb mit Dampfzügen die Zugfahrten im elektrischen Betrieb ihre Vorteile noch nicht richtig zur Geltung bringen konnten. Ab 1903 fuhren vom Bahnhof in Zehlendorf Mitte Vorortzüge zum Wannseebahnhof in Berlin, die auf den Zwischenstationen nicht hielten. Ab Dezember 1907 wurden diese Züge über die Ferngleise geleitet. Durch diese sogenannten Bankierzüge konnten die südwestlichen Vororte schneller mit der Stadt verbunden und so einem wesentlichen Bedarf des bürgerlichen Publikums aus dem wohlhabenden Südwesten Rechnung getragen werden. Neben dem Verkehr der Berufspendler zeigte auch der zunehmende Ausflugsverkehr zum Wannsee und nach Potsdam die große Bedeutung der Wannseebahn.

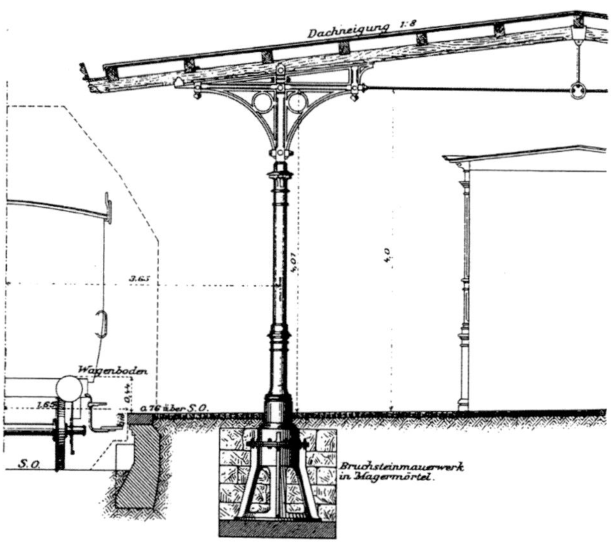


***Maßgebend für den Vorortverkehr***

*Bahnsteighöhe, Bahnsteigdach, Fahrkarten„wanne" und „Hampelmann". Zeichnung, Maßstab 1 : 100, S-Bahn-Museum (Archiv)*

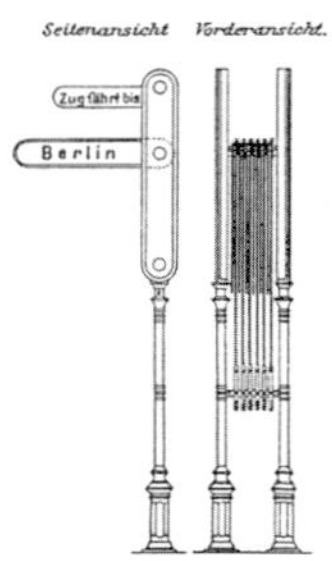


Zugrichtungsweiser auf den Bahnsteigen.

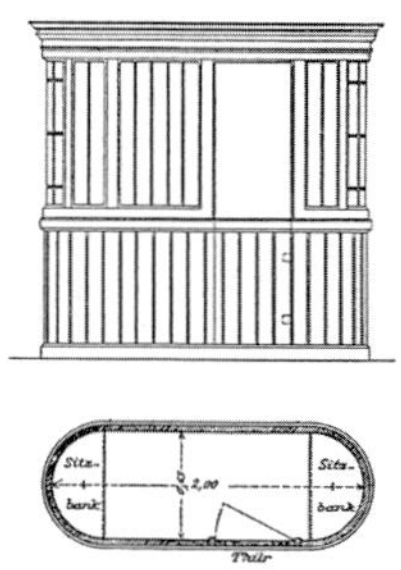


Schaffnerstand für die Ausübung der Fahrkartenprüfung.

*Zehlendorf, Beerenstraße – in einem Werbeprospekt der Zehlendorf-West-Terrain-Aktiengesellschaft.*

**Besiedlung und Bahn**

In den sogenannten Gründerjahren nach dem Krieg Preußens gegen Frankreich und nach Gründung des Deutschen Kaiserreichs begann 1871 ein Siedlungsprozeß, der im Berliner Südwesten bis in die Zeit nach 1920 andauern sollte.

**Wannsee** – Noch heute zeugen Villen nahe des Bahnhofs an der Straße Am Sandwerder vom Beginn der Besiedlung kurz nach Eröffnung der Station.

**Nikolassee** – Bahnhof und Ortsteil feierten im Jahr 2002 ihr hundertjähriges Bestehen. Von der „Heimstätten Aktien-Gesellschaft" mit dem eigenen Bahnhof und einem Rathaus versehen, war Nikolassee bis zur Bildung Groß-Berlins 1920 eine eigenständige Landgemeinde.

**Schlachtensee** – Stets zu Zehlendorf gehörend, wurde diese Siedlungsfläche um 1891 mit einem Bahnhof erschlossen und als Wohnort ausgebaut. Ansätzen einer Industrieansiedlung durch die Märkische Lokomotivenfabrik wurde rechtzeitig begegnet; 1908 hatte Schlachtensee schon 3000 Einwohner.

**Mexikoplatz** – Rund um den Platz befand sich die letzte Gegend, in der entlang der Alten Wannseebahn die Bodenspekulation intensiv einsetzte. Ab 1901 begann hier die Zehlendorf-West-Terrain-Aktiengesellschaft Waldflächen in wertvolles Bauland umzuwandeln. Die Baukosten und die vierjährige Subventionierung des Betriebes der modernen Station konnte sie dabei „aus der Portokasse" zahlen. Das Umfeld des Bahnhofs wurde, wie die Station selbst, auf der Grundlage eines Wettbewerbsergebnisses realisiert. Entwurfsverfasser der zwischen 1904 und 1911 entstandenen Bebauung war Otto Kuhlmann. Den Platz, der den Namen Mexikoplatz erst 1959 erhielt, gestaltete Gustav Fintelmann.

**Zehlendorf** – Rund um den alten Ortskern expandierten die Wohngebiete kleinteilig. Am nördlichen Ortsrand entstand durch die Terraingesellschaft Zehlendorf-Grunewald die Gegend um Schützallee und Riemeisterstraße. Die Einwohnerzahl aller Ortsteile zusammen stieg zwischen 1875 und 1910 von 2700 auf 16900 an.

***Blick über den S-Bahnhof Zehlendorf in Richtung Lichterfelde West***
*Das Bild entstand während des letzten Fluges eines US-Militär-Hubschraubers über DDR-Territorium vom Flughafen Tempelhof nach Steinstücken. Foto: K. Behrendt, 29. September 1990, Archiv S-Bahn-Museum*

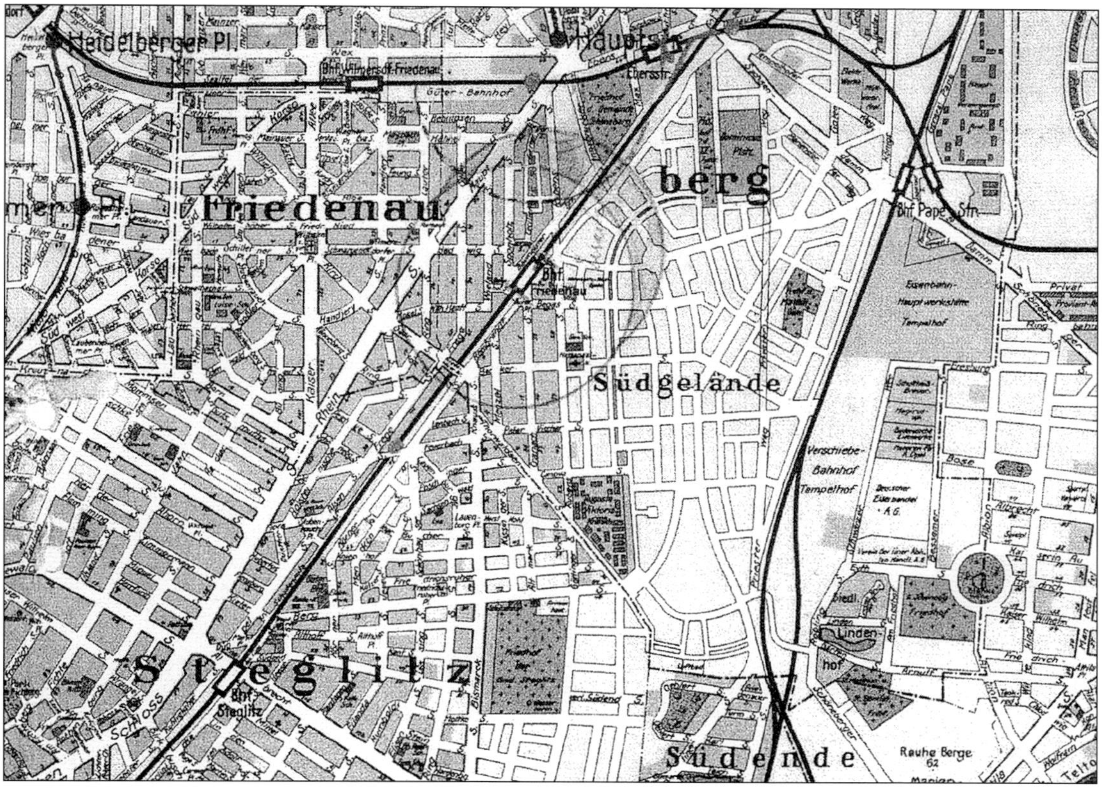


*Siedlungsplanung in Friedenau – um 1920 auch östlich der Wannseebahn. Karte: Landesarchiv Berlin*

**Lichterfelde** – Zwischen der Potsdamer Bahn und der Anhalter Bahn gelegen, errreichte dieses Siedlungsgebiet zwischen 1875 und 1910 einen noch kräftigeren Anstieg der Zahl seiner Einwohner – von rund 2000 auf 42 500.

**Botanischer Garten** – Nachdem die Bahnstation angelegt worden war, setzte auch zwischen Steglitz und Lichterfelde ab 1909 rege Bautätigkeit ein.

**Steglitz** – Die Einwohnerzahl dieses ehemaligen Dorfes wuchs zwischen 1875 und 1910 von 5500 auf 63 000. Auch wenn es formal Landgemeinde blieb, baute es sich an der Schloßstraße ein veritables Rathaus. War die Bebauung entlang der Bahn und der parallel verlaufenden Straße von Potsdam nach Berlin bis dahin überwiegend durch Villen, Einfamilienhäuser oder Reihenhäuser gekennzeichnet, wurde sie nun städtisch. Der (nahezu) geschlossene Block prägte bald das Bild.

**Friedenau** – Auch das unmittelbar an Steglitz anschließende, zu Wilmersdorf gehörende Friedenau entwickelte sich seit seiner Gründung „explosionsartig“: innerhalb von vier Jahrzehnten wanderten rund 35 000 Menschen zu.

**Schöneberg** – Im gleichen Zeitraum wie Friedenau „mauserte“ sich der Ort vom größeren Dorf mit 4500 Einwohnern zu einer Großstadt mit 173 000 Einwohnern im Jahr 1910. In diesem Jahr wurde die Schöneberger U-Bahn vom Nollendorfplatz bis zur Station Hauptstraße (heute Innsbrucker Platz, U4) eröffnet und ein neues Rathaus (heute: John-F.-Kennedy-Platz) war in Bau. Der Bahn zeigte die Stadt allerdings ihre weniger attraktive Seite mit Mietskasernen, Gaswerk und Fabriken.

Bis zum Ersten Weltkrieg war entlang der Wannseebahn ein weitgehend durchgängiges Siedlungsband zwischen dem alten Stadtgebiet Berlins und dem Wannsee entstanden. Natürlich war dies auch nur möglich, weil die Alte Wannseebahn 1891 um die sogenannte Neue Wannseebahn ergänzt worden war: die separaten Vorortgleise der Potsdamer Bahn; sie ließen die Anlage vieler Stationen und ein dichtes Zugangebot zu.

Die 1913 eröffnete Wilmersdorfer U-Bahn nach Dahlem verbesserte zusätzlich die Verkehrsanbindung des Südwestens und verstärkte die dortige Siedlungsaktivität noch.

*Bahnhof Friedenau, Ausgang zum Dürerplatz. Foto, 1960: Landesarchiv Berlin*

**Besiedlung nach 1920**

Anfang der zwanziger Jahre des 20. Jahrhunderts hatte die Wannseebahn zunächst weiterhin eine große Verkehrsbedeutung. Dann machte sich immer deutlicher ein Rückgang der Fahrgastzahlen bemerkbar. Gründe dafür gab es viele:

- schlechte Umsteigemöglichkeiten zur Ringbahn;
- der langsame Dampfbetrieb;
- die relativ ungünstige Lage des Wannseebahnhofs zum Berliner Stadtzentrum;
- Konkurrenz durch die U-Bahn (die heutige U 1);
- Zunahme des Bus-, Straßenbahn- und Autoverkehrs.

In dieser Zeit ging die Zahl der Fahrten im Vorortverkehr der Wannseebahn von 43,2 Millionen im Jahr 1913 auf 31,5 Millionen im Jahr 1929 zurück. Zugleich verschwanden die letzten Lücken der Besiedlung.

Sundgauer Straße – In Zehlendorf, Berliner Stadtbezirk seit 1920, entstanden die Mietshäuser an Mörchinger und Sundgauer Straße.

Feuerbachstraße – Die Lücke zwischen Friedenau und Steglitz wurde zugebaut, dazu entstand die Wohnsiedlung Ceciliengärten am Bahnhof Friedenau. Die Deutsche Reichsbahn-Gesellschaft entschloß sich daher, die bei der Großen Elektrisierung 1927/28 zunächst ausgesparte Wannseebahn nun ebenfalls zu elektrifizieren. Konsequenterweise wurden für den Vorortverkehr, der nun S-Bahn hieß, an der Wannseebahn zwei neue Stationen geplant: Zehlendorf Ost und Feldstraße. Zu ihrer Eröffnung 1933 bzw. 1934 erhielten sie die Namen Sundgauer Straße und Feuerbachstraße.

**Rückreise**

Eine Fahrt mit der Wannseebahn ist heute wie ein Ausflug in die Architektur der letzten Jahrhunderte. Die Toscana-Villa, noch von Schinkel inspiriert, ist ebenso zu finden wie aus dem Mittelalter stammende Stile der Romanik und Gotik – sie galten als ganz besonders vaterländisch. Jugendstil und die beginnende Moderne leiten über in den Funktionalismus der zwanziger Jahre.

Heute kündigt der Steglitzer Kreisel den Übergang in die dicht bebaute Stadt an. Der Hochbau ist, wie die benachbarte Stadtautobahn, der eine ganze Reihe von Wohnhäusern geopfert wurde, ein markantes Zeichen für den unsensiblen Umgang mit der historischen Stadt. Bevor die Züge dann in den Nordsüd-S-Bahntunnel abtauchen, stehen der funktionslose Gasometer und Wohnbauten links und rechts der Trasse für das Steinerne Berlin, – für den Ausgangspunkt der Überlegung, entlang der Wannseebahn bessere Wohnbedingungen zu schaffen.

*Schöneberg – Ringbahn und Wannseebahn im Steinernen Berlin. Foto: Frenzel/Kabisch, 1999*

*Autobahnbau an der Rubensstraße in Friedenau. Foto, 10. Mai 1965: Landesarchiv Berlin*

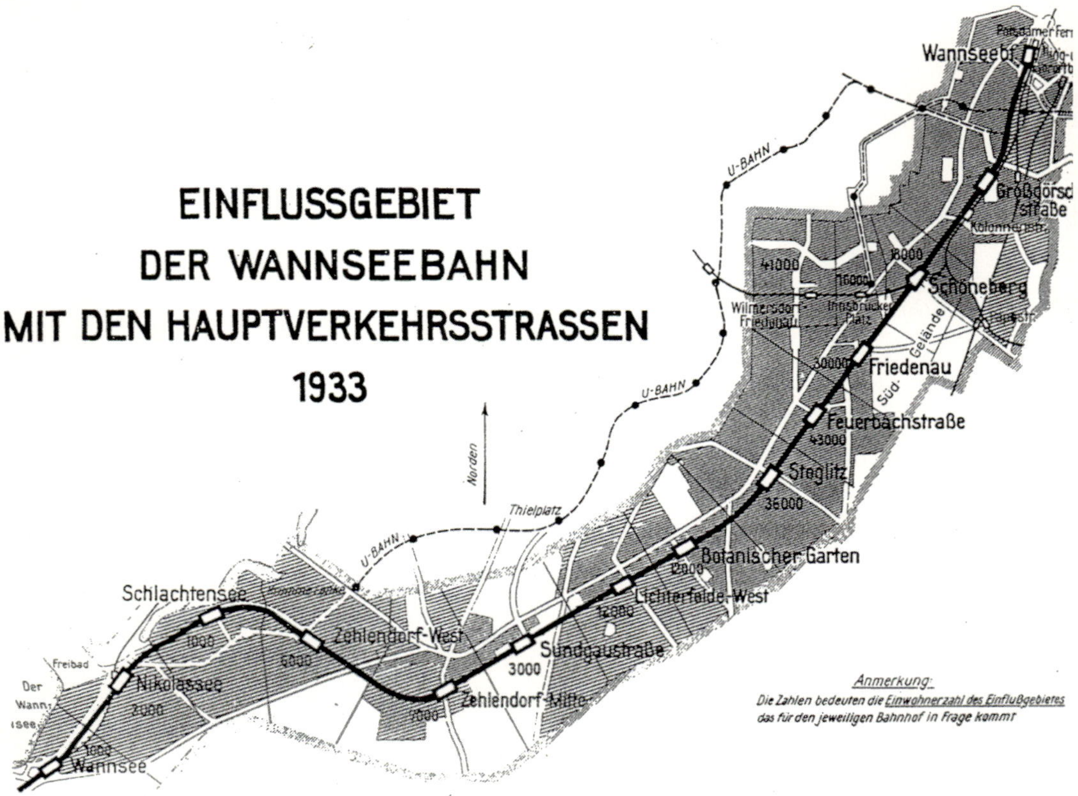
EINFLUSSGEBIET
DER WANNSEEBAHN
MIT DEN HAUPTVERKEHRSSTRASSEN
1933
Wannseebf.
Großgörschstraße
Schöneberg
Friedenau
Feuerbachstraße
Steglitz
Botanischer Garten
Lichterfelde-West
Sundgaustraße
Zehlendorf-Mitte
Zehlendorf-West
Schlachtensee
Nikolassee
Wannsee
U-BAHN
Thielplatz
Norden
Wilmersdorf-Friedenau
Innsbrucker Platz
Süd-Gelände
Freibad
41000
16000
18000
30000
43000
36000
12000
3000
6000
1000
2000
Anmerkung:
Die Zahlen bedeuten die Einwohnerzahl des Einflußgebietes das für den jeweiligen Bahnhof in Frage kommt

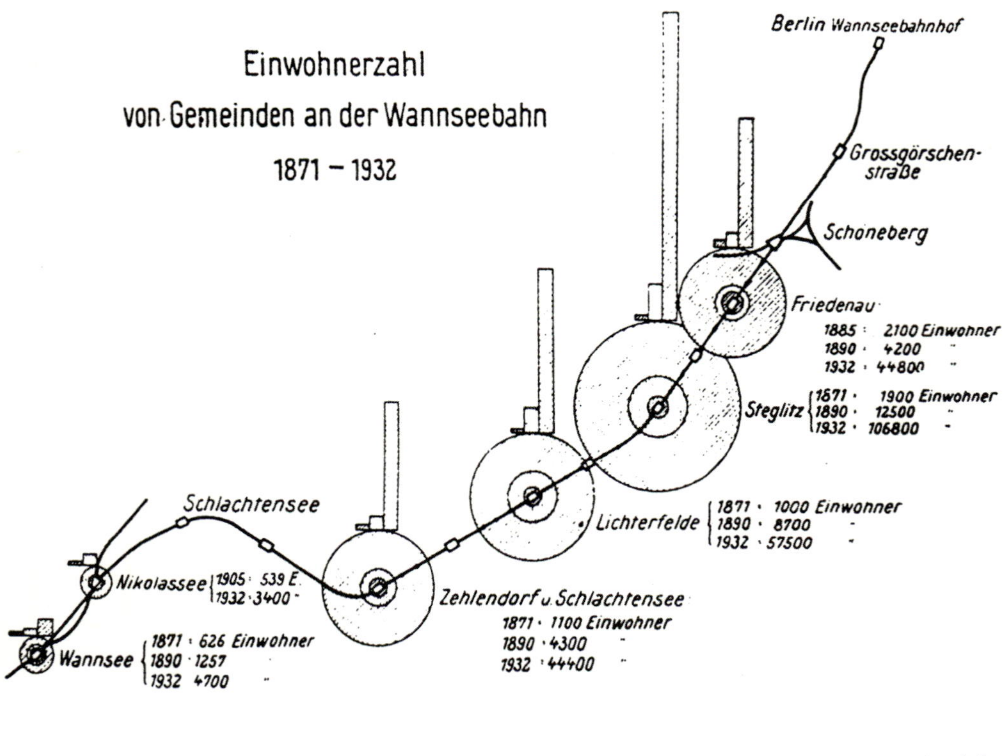
Einwohnerzahl
von Gemeinden an der Wannseebahn
1871 – 1932
Berlin Wannseebahnhof
Grossgörschen-straße
Schöneberg
Friedenau
1885 : 2100 Einwohner
1890 · 4200
1932 · 44800
Steglitz
1871 · 1900 Einwohner
1890 · 12500
1932 · 106800
Lichterfelde
1871 · 1000 Einwohner
1890 · 8700
1932 · 57500
Schlachtensee
Zehlendorf u. Schlachtensee
1871 · 1100 Einwohner
1890 · 4300
1932 · 44400
Nikolassee
1905 · 539 E.
1932 · 3400
Wannsee
1871 · 626 Einwohner
1890 · 1257
1932 4700

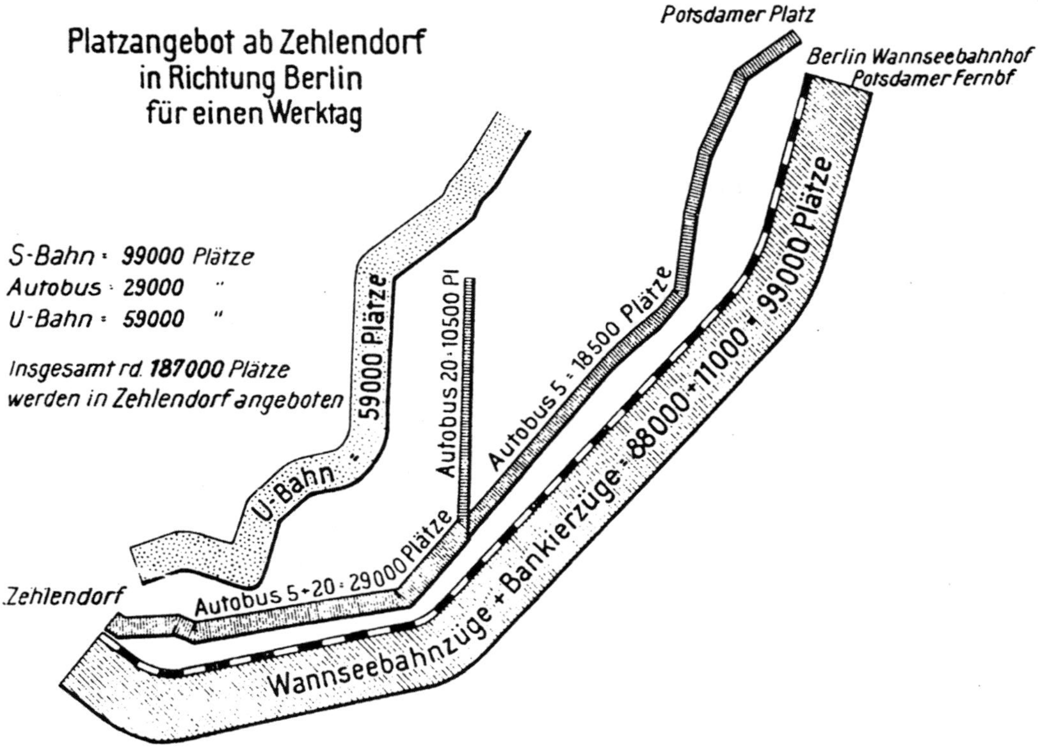


Reisezeiten Berlin—Wannsee vor und nach der Elektrisierung.

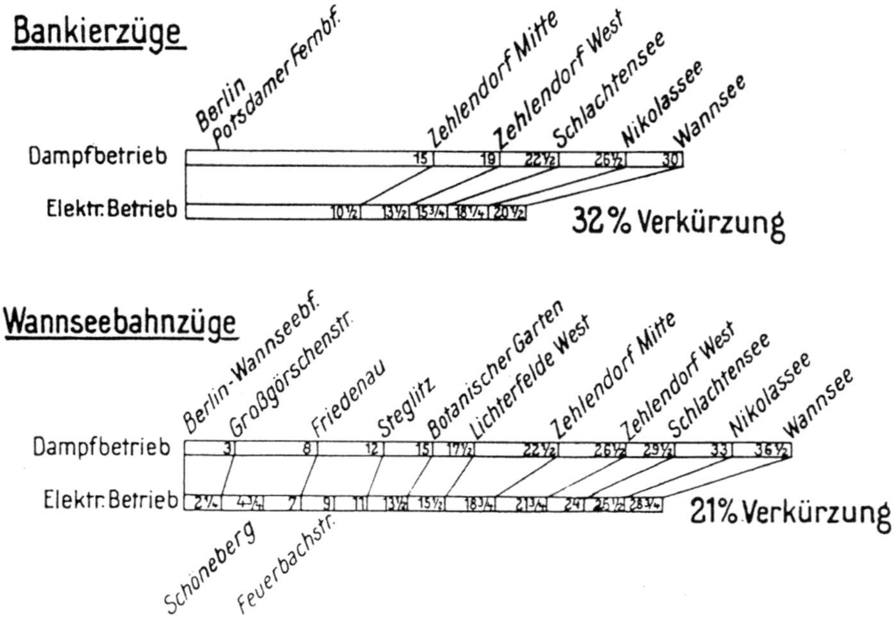


*Grafiken aus:*
*Zeitung des Vereins deutscher Eisenbahnverwaltungen, 1933:*
*Archiv Dr. M. Braun*

# Berlin 1933

Von Udo Dittfurth, Berliner S-Bahn-Museum

## Modernisierung und „Elektrisierung"

Durch die Bildung von Groß-Berlin im Oktober 1920 war die Stadt räumlich um ein Vielfaches gewachsen. Berlin war größte Industriestadt des europäischen Kontinents, bedeutendster Handels-, Bank- und Börsenplatz Deutschlands. Es gab rund 35 Schauspielbühnen, mehr als 20 Konzertsäle, die Bedeutung des Kinos und der Filmindustrie wuchs. 1923 nahm der Berliner Rundfunk sein Radioprogramm auf. 150 Tages- und Wochenzeitungen wurden in Berlin verlegt und gedruckt. – Die Stadt lebte wieder auf, war wirtschaftliches, kulturelles und politisches Zentrum Deutschlands. Noch heute wird stolz an diese Zeit, die sogenannten Goldenen Zwanziger erinnert.

Um 1930 besaß Berlin die nie wieder erreichte Zahl von 4,3 Mio Einwohnern. Sie wohnten auf einer Siedlungsfläche, die wesentlich kleiner als die heutige war. Der neue, demokratisch gewählte Magistrat unternahm große Anstrengungen, die Lebensbedingungen zu verbessern und die Stadt zu modernisieren. Innerhalb weniger Jahre entstanden vorbildliche Wohnsiedlungen mit insgesamt rund 135 000 neuen Wohnungen und große Volksparks als Kampfansage gegen das Mietskasernenelend. Stadtrat Ernst Reuter bildete 1929 aus verschiedenen Unternehmen die Berliner Verkehrsgesellschaft (BVG). Das Unternehmen betrieb nun einheitlich U-Bahn, Straßenbahn und Omnibus. Durch die elektrischen Verkehrsmittel, nicht zuletzt durch die neuen S-Bahnzüge, waren Modernisierung und „Elektrisierung" für alle spürbar.

## Die wirtschaftlich instabile Lage

Durch die andauernden Reparationslasten als Folge des Ersten Weltkrieges waren die wirtschaftlichen Schwierigkeiten noch verstärkt, und die wenig gefestigten demokratischen Verhältnisse warfen einen düsteren Schatten über die Stadt und das Land. Die Weltwirtschaftskrise 1929 hatte Deutschland besonders hart getroffen. Die Schuldenlast der Stadt war nicht mehr zu kontrollieren, der Magistrat mußte wertvolle Betriebe, z. B. die BEWAG, verkaufen. Geringe Unterstützungsleistungen, Steuer- und Tariferhöhungen bei gleichzeitigen Lohnkürzungen verschärften die Lage. Im Dezember 1932 waren offiziell 636 000 Berliner arbeitslos.

## Das politische Leben wurde zunehmend radikalisiert

Im Reich wie in der Stadt Berlin wurden die gewählten Parlamente schrittweise entmachtet. Auf den Straßen kam es immer wieder zu brutalen Auseinandersetzungen zwischen Linken und Rechten und mit der Polizei.

Mit dem sogenannten „Preußenschlag" setzte die konservative Reichsregierung unter Franz von Papen am 20. Juli 1932 die demokratische Regierung des Landes Preußen ab. Im November 1932 wählten bei der Reichstagswahl 70 Prozent der Berliner Wähler eine antidemokratische Partei. Beim Streik der BVG-Mitarbeiter im gleichen Monat kam es sogar zu einem Zusammenwirken von KPD und NSDAP. In den folgenden Wochen gelang es schließlich konservativen Gruppen, den Reichspräsidenten Paul von Hindenburg davon zu überzeugen, Adolf Hitler zum Reichskanzler zu ernennen. Der (für die UFA nachinszenierte) Fackelzug der SA durch das Brandenburger Tor am 30. Januar 1933 wurde zum Symbol der „Machtergreifung". In kürzester Zeit waren alle demokratischen Institutionen beseitigt oder „gleichgeschaltet".

## Berlin am 15. Mai 1933 …

Als der elektrische S-Bahnbetrieb auf der Wannseebahn aufgenommen wurde, sind in Deutschland die Grundrechte aufgehoben, der Reichstag als Parlament entmachtet, Parteien und Gewerkschaften verboten, kann die Polizei – oder jeder zum Hilfpolizisten ernannte SA-Schläger – willkürlich politische Gegner in die entstehenden Konzentrationslager bringen.

**Nationalsozialistische Haltung**

(1) Die vorbildliche nationalsozialistische Gesinnung drückt sich in einer entsprechenden Haltung aus. Deshalb gelten u a folgende Grundsätze:

a) Der Beamte grüßt in und außer Dienst mit dem Deutschen Gruß durch Erheben des rechten Arms und den deutlichen Zuruf: „Heil Hitler". Das Erheben des rechten Arms unterbleibt im Bereich aller Gleisanlagen, auf denen Betriebshandlungen vorgenommen werden, auf dort befindlichen Fahrzeugen, auf Bahnsteigen und durch den Schaffner an der Bahnsteigsperre.

b) Der Beamte liest die nationalsozialistische Tagespresse und sucht sich auch auf andere Weise politisch zu schulen.

c) Seine Opferbereitschaft beweist er besonders gegenüber der NSV und dem WHW. Wenn irgend möglich, wird er auch Mitglied der NSV.

d) Er sorgt für den Eintritt seiner Kinder in die Jugendgliederungen der Nationalsozialistischen Arbeiterpartei.

e) Der Beamte darf sich nicht mit Juden in Geschäfte oder persönlichen Verkehr einlassen und dies auch nicht von Angehörigen seines Hausstandes dulden.

f) Er schickt seine Kinder nicht in private Schulen und läßt sich nicht in die Verwaltungsräte oder Kuratorien privater Schulen berufen. Ausnahmen sind nur aus zwingenden Gründen zulässig. Darüber entscheidet im Zweifel die Reichsbahndirektion im Einvernehmen mit der zuständigen Schulaufsichtsbehörde. Für private Höhere Schulen, die den öffentlichen Höheren Schulen als gleichwertig anerkannt worden sind, und für private Berufs- und Fachschulen gilt die Beschränkung nicht. Diese Schulen können ohne Genehmigung besucht werden.

g) Der Beamte hat auch im Ausland eine deutschbewußte Haltung zu zeigen.

(2) Befördert kann nur der Beamte werden, der neben der erforderlichen Eignung und restlosen Erfüllung der allgemeinen Beamtenpflichten unter Berücksichtigung seiner früheren politischen Einstellung die unbedingte Gewähr dafür bietet und seit dem 30. Januar 1933 bewiesen hat, daß er jederzeit rückhaltlos für den nationalsozialistischen Staat eintritt und ihn wirksam vertritt.

*Auszug aus der Allgemeinen Dienstanweisung für die Reichsbahnbeamten von 1938.*

# 2. Planung und Bau der elektrischen Strecke

## 2.1 Die „Elektrisierung" der Wannseebahn

Originaltext von Reichsbahnoberrat Dr.-Ing. Remy, 1933

*In einem dreiteiligen Artikel berichtete Dr.-Ing. Remy in der Zeitschrift „Verkehrstechnische Woche" (Hefte 1, 2 und 3) im Frühjahr 1933 über „Die Elektrisierung der Wannseebahn in ihrer baulichen, wirtschaftlichen und städtebaulichen Bedeutung" (Originalüberschrift). Der Aufsatz gibt Einblicke in die wirtschaftlichen Bedingungen der damaligen Zeit und die Entscheidungen zugunsten der Elektrifizierung. Zugleich wird deutlich, daß die Wannseebahn-Elektrifizierung das Vorlaufprojekt zum Bau der Nordsüd-S-Bahn in den Jahren von 1933 bis 1939 war.*

*Der Text und die Originalschreibweise des Verfassers wurden nicht verändert, aber in einzelnen Abschnitten gekürzt. Dies ist durch Auslassungspunkte (…) kenntlich gemacht. Auch die Zwischenüberschriften wurden übernommen, allerdings ohne die Numerierung. Redaktionelle Anmerkungen an einigen Stellen sind in eckige Klammern gesetzt.*

### Die Bedeutung der Wannseebahn-Elektrisierung

… Die in der Ausführung begriffene Elektrisierung der Wannseebahn bedeutet sowohl nach der Höhe des finanziellen Aufwandes wie als Maßstab für den wirtschaftlichen Erfolg der Elektrisierung einer bisher mit Dampf betriebenen Strecke und endlich als Glied der weiteren Entwicklung des Berliner S-Bahnverkehrs ein Bauvorhaben, das Beachtung verdient. 23 Mill. RM Neuanlage stellen in unserer kapitalarmen Zeit an sich eine Ausgabe dar, die nach den teils erfreulichen, teils bitteren Erfahrungen der letzten Jahre gerechtfertigt sein will.

*Gesamtkosten der Wannseebahn-Elektrifizierung, nach Industrie- und Gewerbegruppen.*
*Grafik aus: Verkehrstechnische Woche, 1933*

Als Einzelausführung der Elektrisierung einer Strecke mit fast eindeutigen Verkehrsbeziehungen, in schärfstem und vielleicht von allen S-Bahnstrecken in dem ausgeprägtesten Wettbewerb mit Straßenbahn, Autobus und Untergrundbahn stehend, begleitet von zwei für den Privatkraftwagenverkehr vorzüglich einladenden Ausfallstraßen, wird die Wannseebahn ein selten vollkommenes Vergleichsobjekt für den wirtschaftlichen Erfolg einer Elektrisierung bieten.

Insofern wird diese Elektrisierung nicht nur bei günstigem wirtschaftlichen Ablauf den Entschluß zu weiteren Arbeiten erleichtern, sondern auch von neuem den Gedanken nähren, dessen Urstück die Wannseebahn seit der ersten Anregung in der Öffentlichkeit im Jahre 1907 immer noch bildet, später einmal einen Teil einer Süd-Nord-Vorortbahnverbindung durch die Stadt nach dem Stettiner Bahnhof abzugeben …

### Elektrischer Betrieb und Dampfbetrieb

… Die Frage, ob es zweckmäßig war, den Berliner S-Bahnbetrieb auf elektrischen Betrieb umzustellen, ist zu bejahen. Kann man die jährliche Verminderung des Fehlbetrages der S-Bahn einschließlich der Verzinsung auf 25 Mill. RM beziffern, so soll man insbesondere beachten, daß die elektrisierten Strecken 1931 mit einer Betriebszahl 86,3, die Dampfstrecken

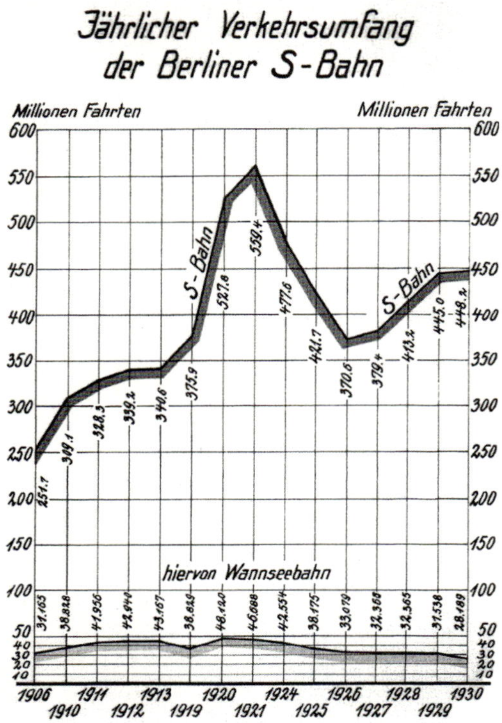


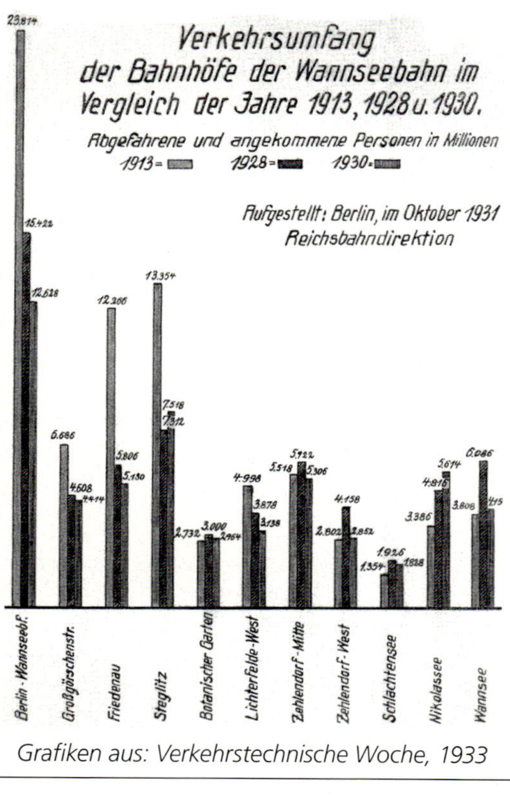


*Grafiken aus: Verkehrstechnische Woche, 1933*

mit 161,6 arbeiteten, zwei Zahlen, die zwar alsolut genommen aus verschiedenen Gründen nicht als Maßstab dienen können, die aber zweifellos eine erheblich größere Wirtschaftlichkeit des elektrischen Betriebes voraussetzen.

Daß man in dem Krisenjahr 1931 im S-Bahnverkehr den Ausfall an Verkehrseinnahmen von 7,7 Mill. RM durch eine Drosselung der Betriebsausgaben um 7,8 Mill. RM auffangen konnte, ist wesentlich den Auswirkungen des elektrischen Betriebes zu danken … Auf 20 bis 25 % Verminderung der Betriebsausgaben kann man je nach der Belegung der Strecke im S-Bahnverkehr rechnen. Steigen die Vorhaltungskosten der Bahnanlagen durch den Bau insbesonderer dritter und vierter Gleise für eine S-Bahnstrecke, dann wird man sich mit 15 % Betriebsersparnissen abfinden müssen …

## Der Rückgang des Wannseebahnverkehrs

Die Wannseebahn hatte im Jahre 1913 einen Verkehr von 43,2 Mill. Fahrten. Das war für die 18,5 km lange Strecke eine kilometrische Belastung von 2,33 Mill. Fahrten. Was diese Zahl bedeutet, ermißt man an der kilometrischen Belastung der Berliner U-Bahnen im Jahre 1930 mit 3,72 Mill. Fahrten. Unter den Vorortstrecken stand die Wannseebahn vor dem Kriege [dem Ersten Weltkrieg; Anmerk. der Red.] an erster Stelle. Das Jahr 1929 brachte nur 31,54 Mill., das Jahr 1930 nur 28,189 Mill. Fahrten. Der Abstieg betrug 34,5 %. Mit der Wannseebahn werden im Abstand von etwa 300 bis 400 Meter, in einer Entfernung von 5 Kilometern gleichlaufend vier Straßenbahnlinien betrieben, die sich vom Dahlemer Weg in Lichterfelde bis zum Potsdamer Platz schließlich zu einem Netz von acht gleichlaufenden Linien verdichten. Dazu treten zwei Autobuslinien … Dann ist die Wilmersdorfer Untergrundbahn in das Verkehrsgebiet der Wannseebahn eingebrochen. Ursprünglich am Thielplatz endend, hat sie nun auch durch die Verlängerung bis zur Krummen Lanke einen Teil des Sonntagsausflugsverkehrs an sich gerissen. Endlich treten die beiden großen Kraftwagen-Ausfallstraßen: Potsdamer Straße–Hauptstraße–Rheinstraße–Schloßstraße, die sich in der Potsdamer Chaussee über Zehlendorf nach Wannsee fortsetzen und die Kraftfahrstraße Avus über Nikolassee nach Wannsee mit der Wannseebahn in Wettbewerb.

Nun darf man allerdings diese rückläufige Entwicklung der Verkehrsziffern nicht allein dem Wettbewerb zuschieben. Die Wannseebahn war vor dem Kriege die Vorortbahn, die schlechthin den Ausflugsverkehr beherrschte. Gewiß begann sich der Verkehr

## Geplant und nie gebaut

Quelle: Akten des Berliner Landesarchivs

Im ersten Jahrzehnt des 20. Jahrhunderts wuchs Berlins Bevölkerung (wie die seiner Vororte) enorm an, die Stadt platzte aus allen Nähten. Neue Siedlungsgebiete sollten entstehen, Bahnanbindungen spielten dabei eine erhebliche Rolle. Der Minister für öffentliche Arbeiten wandte sich am 23. Januar 1903 in einem als vertraulich gekennzeichneten Schreiben an die Königliche Eisenbahndirektion Berlin: „Der Königlichen Eisenbahndirektion lasse ich in der Anlage Abschrift des Schreibens des Herrn Landwirtschaftsministers vom 31. vergangenen Monats, die Herstellung einer Bahnverbindung zwischen Berlin und Dahlem betreffend, nebst Anlagen mit dem Auftrage zugehen, ... bei der Vorlage zu berichten, in welcher Weise und mit welchen Kosten die Bahn betrieben werden kann.

Aus der Antwort der Kgl. Eisenbahndirektion:

„... Kostenüberschlag
für eine Eisenbahnverbindung Berlin–Dahlem
a) über Wilmersdorf-Friedenau
5 100 000 Reichsmark (9 km Länge)
b) über Grunewald–Dahlem
4 600 000 Reichsmark (10 km Länge)..."

Nach einigem Hin und Her wandte sich der Minister der öffentlichen Arbeiten am 5. Dezember 1907 abermals an die Königliche Eisenbahndirektion in Berlin: „... Die Königliche Eisenbahndirektion wolle nunmehr bald überschlägig feststellen, wie hoch die Kosten einer ... herzustellenden Dahlembahn im Vergleich zu der früher angenommenen Führung von Wilmersdorf-Friedenau nach Schlachtensee stellen würden und binnen 6 Wochen darüber berichten."

Aus der Antwort der Königlichen Eisenbahndirektion:

„Kostenüberschlag Steglitz–Grunewald
vom 16. Januar 1908 (Linienlänge 9 Kilometer):
7 300 000 RM.
Kosten für den Umbau des Bahnhofs Steglitz:
373 800 RM."

Kaum drei Monate später lagen die Dinge anders. Die Untergrundbahn hatte letztlich das Rennen gemacht, als der Minister der öffentlichen Arbeiten am 27. Februar 1908 an die Königliche Eisenbahndirektion schrieb: „Nach einer Mitteilung des Herren Finanzministers ist der Plan der staatseigenen Herstellung einer Eisenbahnverbindung durch das Gelände der Domäne Dahlem überhaupt fallengelassen. Es soll vielmehr versucht werden, das Dahlemer Gelände dadurch mit Berlin in bessere Verbindung zu bringen, dass eine der in Groß-Berlin bestehenden oder (geplanten) privaten Schnellbahnen bis in das betreffende Gebiet fortgeführt wird.

Von einer weiteren Verfolgung der von der Staatseisenbahnverwaltung bisher bearbeiteten Pläne ist daher abzusehen."

im Südosten nach Grünau und Erkner mächtig zu entwickeln, aber der Hauptstrom zog immer noch nach dem Freibad Wannsee und nach Potsdam.

Heute üben die Freibäder am Müggelsee, in Rangsdorf und am Tegeler See eine ebenso große Anziehungskraft wie der Wannsee aus, und über Sonntag ziehen die Massen hinaus in die Schrebergärten und Siedlungen, die längs aller Vorortstrecken ohne Ausnahme weite Flächen bedecken. Der Ausflugsverkehr hat sich verlagert. Diese Entwicklung hätte auch im normalen Verlauf den Verkehrszahlen der Wannseebahn Abbruch getan.

Immerhin bleibt auch dann noch ein ansehnlicher Rest des Verkehrsverlustes. Ihn muß man dem Dampfbetrieb, dem unzulänglichen Uebergang auf die Ringbahn zwischen den Bahnhöfen Großgörschenstraße und Schöneberg und endlich der ungünstigen Einführung in die Stadt zuschreiben. Diese Nachteile müssen bei der Elektrisierung soweit als möglich ausgeglichen werden.

### Die Dahlemer U-Bahn

Großstädtische Entwicklungslinien sind nicht leicht zu übersehen. Wer hätte noch vor dem Kriege angenommen, daß die Nordstrecken des S-Bahnnetzes einst zu den stärkst befahrenen Strecken gehören, wer hat übersehen, daß sich im Osten Siedlung an Siedlung reihen, daß entgegen der angeblich gesetzmäßigen Vergrößerungsrichtung aller Weltstädte nach Westen neben dem kleinen Siedler auch der Begüterte sein Heim an den Seen im Osten Berlins aufschlagen würde. Daher sollte man sich bietende Aussichten nicht ohne Not aus der Hand schlagen.

In den privaten Erinnerungen eines bekannten Berliner Grundstücksmannes liest man über die Geschichte der Erschließung von Wilmersdorf und Dahlem durch eine Verkehrslinie. Die U-Bahn, die uns heute als Wettbewerbslinie der Wannseebahn so sehr beschwert, sollte einst als Anschlußlinie an den Ring bei Wilmersdorf-Friedenau in der Richtung nach Zehlendorf durch das Südwestgelände und die

Domäne Dahlem hindurchgeführt und im Bahnhof Schlachtensee an die Wannseebahn angeschlossen werden. Das Land gehörte den beiden großen Interessenten, der Domäne und der Grundstücksgesellschaft. Es stand für den Bahnbau zur Verfügung. Aber der Finanzminister, an sich dem Gedanken geneigt, hatte Bedenken, Mittel für eine Bahn durch „ein völlig leeres Aufteilungsgelände" zur Verfügung zu stellen. Eine große Baufirma machte sich anheischig, die Bahn für 7 Millionen Mark betriebsfertig zu bauen. Die Verwaltung behauptete, sie würde 15 Millionen Mark kosten. Schließlich soll die staatliche Ausführung daran gescheitert sein, daß für eine Erweiterung des Potsdamer Bahnhofs 62 Millionen gefordert wurden, weil er nicht in der Lage sei, die künftigen Vorortzüge Wannsee–Zehlendorf–Dahlem–Wilmersdorf–Ring aufzunehmen. Diese Bemerkung sieht mehr nach einem Scherz aus. Aber 20 Millionen sollte immerhin die neue Einführung kosten. Daß man diese beiden Fragen überhaupt miteinander verquickte, versteht man nur aus dem heute kaum noch begreiflichen Ansteigen der Verkehrsziffern:

1900: 185 Millionen Fahrten,
1910: 309 Millionen Fahrten

im Stadt-, Ring- und Vorortverkehr. Nach schweren kommunalen Kämpfen kam dann die U-Bahn nach dem Thielplatz zustande. Die Dahlemer Linie wird trotz des steigenden Sonntagsverkehrs wohl auch heute noch eine Zuschußlinie sein. Sie war es, als sie noch am Thielplatz endete, in hohem Maße. Ob beide Strecken in einer Hand besser gewirtschaftet hätten, lohnt sich nachträglich nur im Hinblick auf ähnliche Pläne für die Zukunft zu überlegen.

## Die Bedeutung des neuen Umsteigebahnhofs Schöneberg

Die Finanzgrundsätze der Reichsbahn verlangen, daß Ausgaben aus der Vermögensrechnung sich selbst tragen müssen. Es wird immer ein schweres Beginnen sein, für große Bahnhofsumbauten, Linienverlegungen und Umbauten zur Hebung der Betriebssicherheit einen unzweifelhaften Gewinn herauszurechnen. Im Netz der Berliner S-Bahn aber gibt es noch eine Reihe von Investitionsgelegenheiten, deren Wirtschaftlichkeit außer Frage steht. Eine dieser Möglichkeiten war der Bau eines Umsteigebahnhofs im Schnitt der Wannseebahn mit dem Südring.

Auf dem Bahnhof Großgörschenstraße [gemeint ist der alte Bahnhof Großgörschenstraße; Anmerk. der Red.] stiegen 1929 in beiden Richtungen täglich 11 000 Fahrgäste um. Sie legen nach dem Bahnhof Schöneberg [die heute nicht mehr genutzte Station Kolonnenstraße; Anmerk. der Red.] einen Weg von 450 Metern zurück, sind auf dem ungedeckten Teile des Weges Wind und Wetter ausgesetzt, müssen einen sechs Meter hohen Steg erklettern, die Gleise der Wannseebahn, der Potsdamer Fernstrecke, ein Güter- und Ringgleis überqueren und gelangen dann glücklich die Treppe hinab auf den Ringbahnsteig Schöneberg. Die Gesuche um Änderung dieses Zustandes sind zum mindesten Legion. Daher lag der Gedanke an die Verbesserung dieses Wechselverkehrs durch den Bau eines neuen Umsteigebahnhofs nahe.

Wird sich der Bau lohnen?

Der Bahnhof Westkreuz brachte einen erweisbaren Mehrverkehr von 180 % im Umsteigeverkehr von den Bahnhöfen des Südringes nach der Stadtbahn. Einzelne an diesem Wechselverkehr besonders beteiligten Bahnhöfe erzielten eine ganz außergewöhnliche Verkehrssteigerung: Schmargendorf (35 %), Hohenzollerndamm (27 %), Ebersstraße und Tempelhof (25 %), Wilmersdorf und Halensee (20 %). Mit solchen Zahlen kann man im Zeichen dieser Krise nicht rechnen. Setzt man aber nur die Hälfte des in Westkreuz erzielten Mehrverkehrs an, nämlich 90 %, und berücksichtigt man, daß ein Teil des Umsteigeverkehrs immer noch in Großgörschenstraße verbleiben wird, so darf man mit 8100 Fahrgästen täglich als Zunahme rechnen. Sie werden die Verzinsung, Tilgung und Betriebskosten reichlich decken und

*Modell des neuen Bahnhofs Schöneberg. Aus: Verkehrstechnische Woche, 1933*

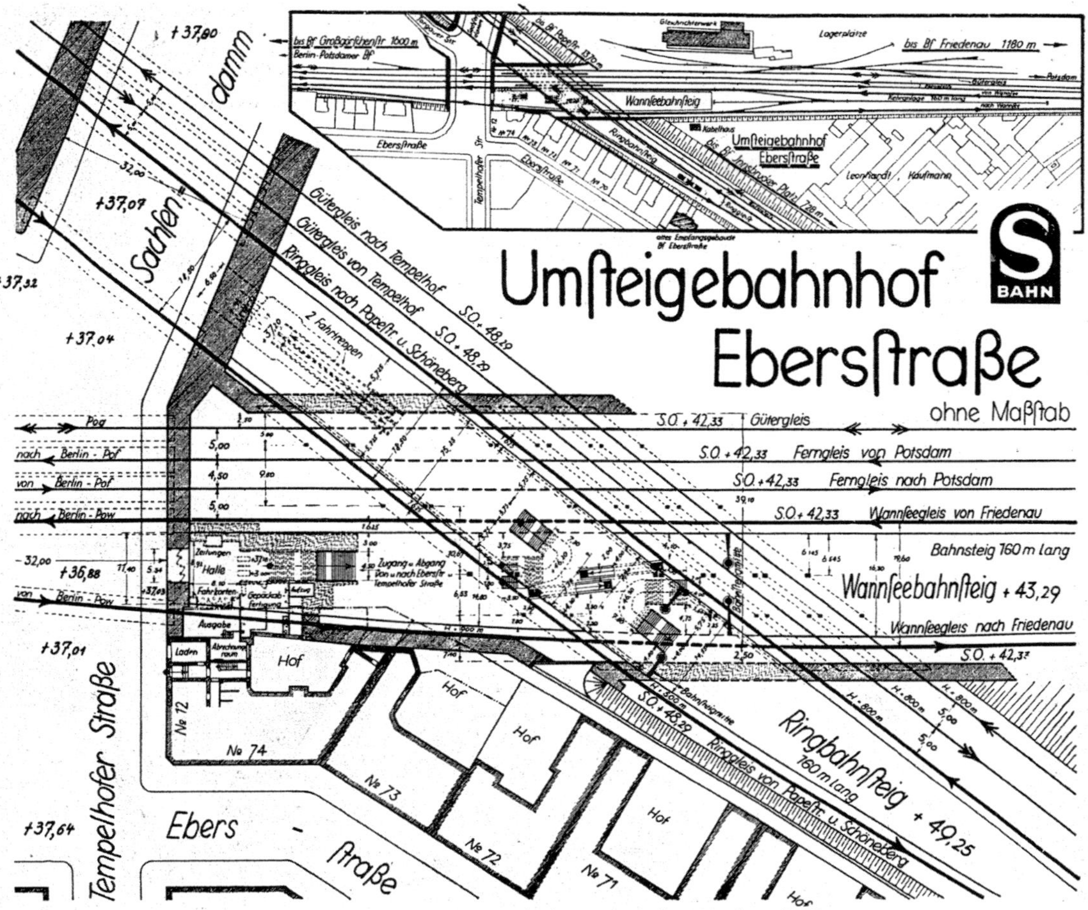


*Lageplan des neuen Bahnhofs Schöneberg. Aus: Verkehrstechnische Woche, 1933*

einen wesentlichen Teil zum Erfolg der Elektrisierung überhaupt beitragen. Dieser Umsteigebahnhof muß, wenn auch noch so unvollkommen, die ungünstigste Lage des Wannseebahnhofs zur Friedrichstadt [Stadtzentrum rund um die Friedrichstraße; Anmerk. der Red.] ausgleichen.

Mit guten Anschlüssen ergibt sich aus den weiteren Vororten Zehlendorf, Lichterfelde, Botanischer Garten ein erheblicher Vorsprung in der Fahrzeit bis zum Zoologischen Garten und zum Bahnhof Friedrichstraße gegenüber Autobus, Straßenbahn und U-Bahn; selbst ab Steglitz ist die S-Bahn noch im Vorsprung und ab Feuerbachstraße und Friedenau sind die Fahrzeiten etwa gleich.

In diesen schnellen Verbindungen im Verein mit einer bequemen, durch die Anlage zweier Fahrtreppen gesteigerten Umsteigemöglichkeit und in den billigen Monatskarten liegt eines der Hauptwerbemomente der elektrisierten Wannseebahn.

Als Lösung ergab sich der Turmbahnhof als einfachste Form. Er ist billig und entspricht bei dem Höhenunterschied von nur sechs Metern allen Ansprüchen. Man hätte an einen Bahnhof mit Richtungsbetrieb in der Höhe der Ringgleise denken können. Die Ausführung hätte aber einen erheblichen Betrag für Grunderwerb verlangt, hätte den sehr kostspieligen Umbau des Bahnhofs Schöneberg, völlige Umgestaltung der Einführung der Wannseebahn in den Potsdamer Vorortbahnhof bedungen und daher Veränderungen in der Betriebsführung nach sich gezogen, die die Ausführung auf unabsehbare Zeit verschoben hätten. Gegen eine solche Entscheidung wog die noch größere Bequemlichkeit, für eine Richtung ohne Wechsel des Bahnsteigs umsteigen zu können, sehr leicht. Man wird auch in anderen Fällen die Lösungen immer so wählen müssen, daß sie mit Rücksicht auf die Not der Zeit überhaupt Aussicht auf Verwirklichung haben.

## Die Fahrtreppen auf dem neuen Umsteigebahnhof

Zu dem Bau von Fahrtreppen sei noch ein Wort gesagt. Man kann diese Bauten nicht mehr als Luxus ansehen. Sie tragen viel zur Beliebtheit eines Bahnhofs bei. Baut man sie in eine bestehende Anlage ein, dann entstehen allerdings Kosten, die etwa das Doppelte der rein maschinellen Anlage ausmachen, heute etwa 50000 RM. Wird aber ein neuer Bahnhof gebaut, dann machen im Rahmen der gesamten Bauausführung und insbesondere der Treppenanlagen die wenigen Sonderheiten der Fahrtreppe kaum einen irgendwie erheblichen Betrag aus. Man muß im übrigen, da an Breite der Bahnsteige und der festen Treppen gespart werden muß, beim Wegfall der Fahrtreppe mit einer größeren Breite der festen Treppe rechnen. Daher kommen heute bei einem Neubau Beträge von etwa 25000 RM für eine sechs Meter hohe Treppe in Betracht. Die Preise sind infolge des Wettbewerbs sehr gefallen …

In Berlin sind auf den S-Bahnhöfen Westkreuz, Alexanderplatz, Jannowitzbrücke und auf den U-Bahnhöfen Hermannplatz, Kottbusser Tor, Gesundbrunnen, Alexanderplatz, Lichtenberg Fahrtreppen in Betrieb.

***Die Treppenanlage und die Fahrtreppen von 1932 im neuen Umsteigebahnhof in Schöneberg***

*Zeichnung von 1932, Landesarchiv Berlin, Foto, um 1981: IGEB-Archiv*

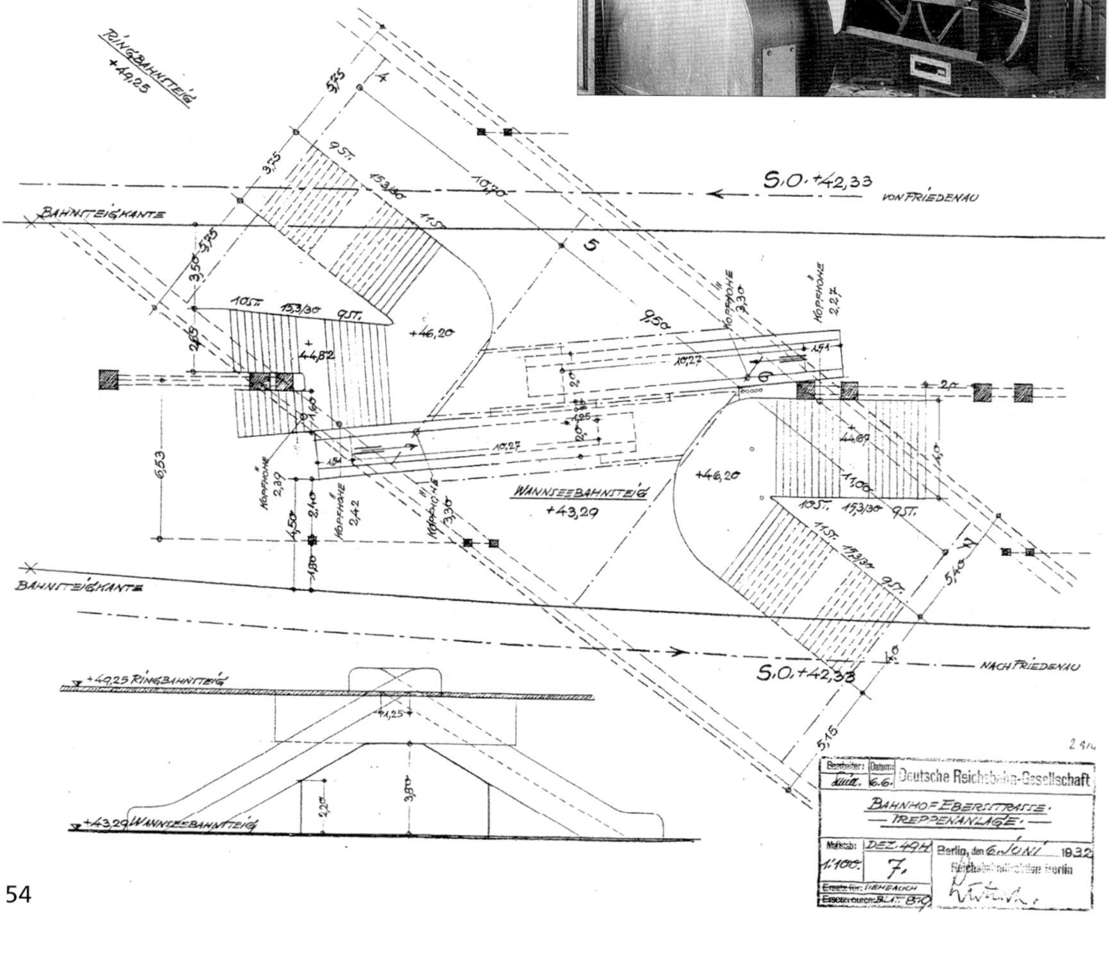

## Bauliche Anlagen des Umsteigebahnhofs Schöneberg

Die Erfahrungen, die der Betrieb des Umsteigebahnhofs Westkreuz gebracht hat, sind bei allen Baumaßen sorgfältig beachtet worden. Daß man dabei bei dem unteren Bahnsteig, dem Wannseebahnsteig, an der breitesten Stelle auf die Breite von 16,30 Metern zwischen den Bahnsteigkanten kam (19,57 Meter zwischen Gleismitte), liegt namentlich an den Mindestentfernungen, die in Berlin bei dem Massenverkehr zwischen Stützenstellung und Bahnsteigkante (1,80 Meter) und zwischen Treppenausschnitt und Bahnsteigkante 3,50 Meter) für nötig gehalten werden. Die Treppenanlage günstig anzuordnen, bereitete wegen des unter etwa 30 Grad liegenden Schnittes des Wannseebahnsteigs und des Ringbahnsteigs einige Schwierigkeiten. Es wurden für die Wahl fünf Ausführungen durchgearbeitet. Dabei wurden sämtliche Entwürfe in einfache Modelle geformt. Der Aufwand an Zeit steht in keinem Verhältnis zu dem außerordentlichen Nutzen, den die Anschauung gewährt.

Man konnte wählen zwischen einer Lösung, die die Treppenausläufe auf dem Ringbahnhof nahe zusammenrückte, den Ausschnitt in der Konstruktion also an einer Stelle vereinigte und daher den Querverkehr auf eine Länge von etwa 14 Metern auf dem Ringbahnsteig ausschloß oder man einigte sich auf eine im wesentlichen gegenteilige Lösung. Zu fordern war, daß der Trepppenantritt und der Auslauf oben und unten möglichst nahe an die Mitte der Bahnsteige, in der Längsrichtung gemessen, herantreten. Zu fordern war ferner, daß der Reisende bei dem unteren Bahnsteig mit seiner den freien Blick einschränkenden Stützenstellung möglichst mühelos den Treppenaufgang findet.

Dabei braucht man diese Forderung nicht zu überschätzen. Denn die Bahnsteige werden im Berufs- und auch im Ausflugsverkehr von einem sehr verkehrsgewandten und meist mit der Oertlichkeit vertrauten Publikum benutzt.

Zu fordern war endlich ein möglichst freier Querverkehr auf dem unteren Bahnsteig und eine nicht zu stark beeinträchtigte Uebersicht für den Aufsichtsbeamten.

Für die festen Treppen kommen Lösungen mit geradem und versetztem Lauf in Frage. Die Fahrtreppen, die auf sechs Meter unbedingt in einem geraden Lauf ohne Unterbrechung geführt werden mußten, ließen demgegenüber keine Wahl für eine Aufteilung zu. Man wird sie selbst für die doppelte Höhe kaum brechen, da sonst eine doppelte Maschinenanlage nötig wäre, die die Anlage sehr verteuern würde.

## Entwürfe aus dem Jahr 1928: Elektrische Strecken in Schöneberg

Quelle: Landesarchiv Berlin

### Variante II

**Auszug aus dem Original-Zeichnungsvermerk:**

Anlage eines Kreuzungsbahnhofs bei Ebersstraße*. Einführung der Wannseebahn, der Ringbahn und der Lichterfelder/Zossener Strecke in den Bahnhof Schöneberg*. Beseitigung der schienengleichen Kreuzungen zwischen Ebersstraße und Papestraße.

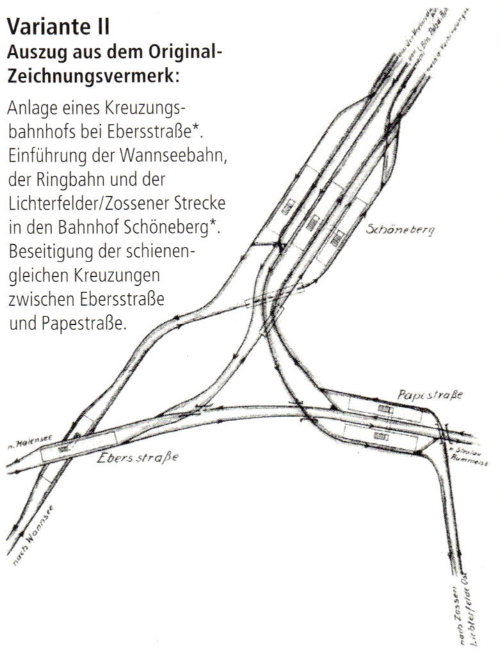


### Variante III

**Auszug aus dem Original-Zeichnungsvermerk:**

Anlage von zwei nebeneinander liegenden Bahnsteigen bei Ebersstraße*. Einführung der Wannseebahn in die Ringbahn bei Bahnhof Ebersstraße, der Lichterfelder/Zossener Bahn bei Bahnhof Papestraße. Papestraße und Schöneberg* mit je zwei nebeneinander liegenden Bahnsteigen.

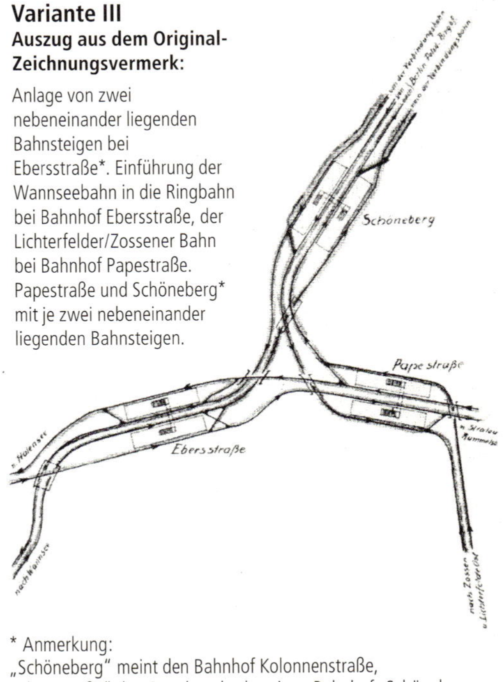


* Anmerkung:
„Schöneberg" meint den Bahnhof Kolonnenstraße,
„Ebersstraße" den Standort des heutigen Bahnhofs Schöneberg.

Für einen späteren Zugang von dem Sachsendamm zum Ringbahnsteig mit einem Höhenunterschied von zwölf Metern sind ebenfalls Fahrtreppen vorgesehen. Dem Bau des Umsteigebahnhofs Schöneberg gingen die seit 1929 in Ausführung begriffenen Erweiterungen der Unterführungen des Sachsendammes und der Tempelhofer Straße voraus. Diese Unterführungen zweier großer Verkehrsstraßen mit Lichtweiten von je zehn Metern sind auf je 32 Meter erweitert worden. Damit erfuhr der gesamte Knotenpunkt im Schnitt der Wannseebahn mit dem Ringe bereits eine durchgreifende Aenderung. Sie wurde unter Beachtung einer späteren Anlage des Umsteigebahnhofs durchgeführt, soweit dies mit erträglichen Kosten für eine damals noch in weiterer Ferne scheinende Ausführung verantwortet werden konnte. Der Umbau dieser Bauwerke kostet 4050000 RM, die von der Stadt Berlin und der Reichsbahn ihren Interessen entsprechend getragen werden. Der eigentliche Umsteigebahnhof kostet weitere 2,3 Mill. RM.

### Drei weitere neue Haltestellen

... Die Haltestelle Feuerbachstraße liegt zwischen den Haltestellen Friedenau und Steglitz, von diesen beiden Stationen 0,9 und 1,1 Kilometer entfernt. Sie erschließt einen Stadtteil von etwa 22000 Bewohnern in einem Kreis von 1000 Meter Halbmesser neu der Wannseebahn. Der Bau dieser Haltestelle ist ein alter, in vielen Eingaben vertretener Wunsch der Anwohner. Der Bau lag auch bautechnisch nahe, weil die alte „Schwarze Brücke" eine Straßenüberführung von nur sechs Metern Breite mit beschränkter Tragfähigkeit, durch eine neue Brücke ersetzt werden mußte. Ihre Breite wurde auf 22 Meter festgesetzt. Die Haltestelle kostet etwa 700000 RM.

Die Haltestelle Sundgauer Straße liegt zwischen den Stationen Lichterfelde West und Zehlendorf Mitte, von diesen beiden 1,6 und 1,2 Kilometer entfernt. Ihre Anlage soll die dort neu entstandenen Siedlungen dem Verkehr mit der Wannseebahn erschließen. In einem Halbkreis von 1000 Metern Halbmesser sind dort in den letzten Jahren über 3000 Menschen angesiedelt worden. Das Verkehrsgebiet der U-Bahn abgerechnet, kommen für den neuen Bahnhof etwa 3200 Einwohner in Frage. Während man aber in der Gegend des neuen Bahnhofs Feuerbachstraße die jährliche Fahrtenzahl je Kopf der Bevölkerung für die Wannseebahn auf höchstens 85 Fahrten veranschlagen darf, wird man, angelehnt an ähnliche Verhältnisse, bei Sundgauer Straße mit 250 Fahrten rechnen können. Die Baukosten betragen etwa 620000 RM.

Die Entscheidung über die Namen der beiden Bahnhöfe wurde erst kürzlich gefällt, in den Entwürfen waren sie Feldstraße und Zehlendorf Ost benannt. Wünschen der Stadtverwaltung entsprechend wird

**_Stromschienenplan Berlin Potsdamer Bahnhof_**

*Reichsbahndirektion Berlin, Januar 1932. Quelle: Landesarchiv Berlin, Einfügung der Kurzbezeichnungen Pof, Pow, Pov und Por durch die Redaktion.*

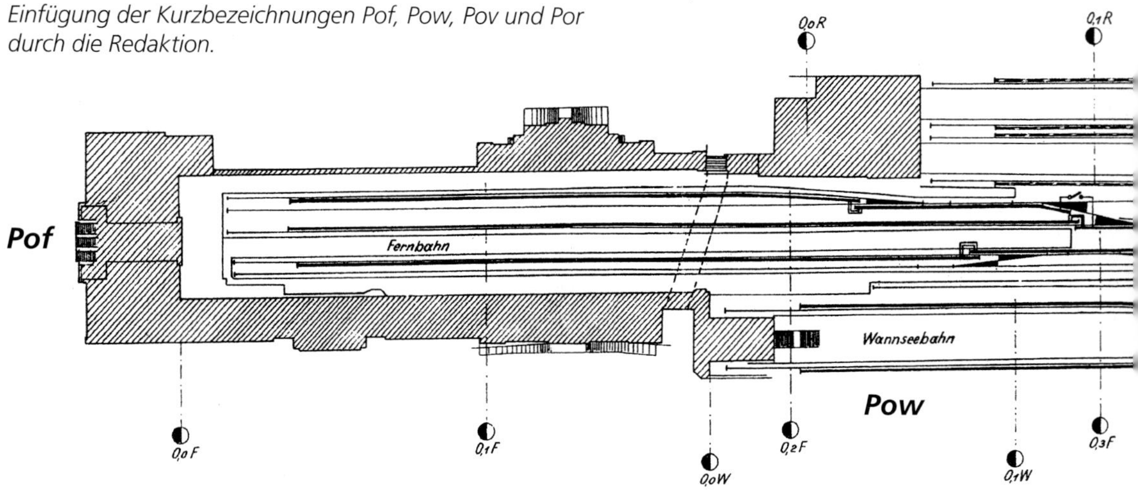


*Pof=Potsdamer Fernbahnhof, Pow=Potsdamer Wannseebahnhof, Pov=Potsdamer Vorortbahnhof, Por=Potsdamer Ringbahnhof*

der Umsteigebahnhof Ebersstraße den Namen Schöneberg, der alte Bahnhof dieses Namens den Namen Kolonnenstraße erhalten. Glückliche Namensgebung bedeutet ein gutes Stück Verkehrswerbung.

Die Haltestelle Innsbrucker Platz ist dem Gedanken entsprungen, das aufstrebende, vom S-Bahnverkehr etwas abgelegene Viertel der Hauptstraße/Rheinstraße an den Südring heranzuziehen. Man kann den voraussichtlichen Erfolg dieser Maßnahme jedoch nur im Zusammenhang mit der Verschiebung des alten Bahnhofs Ebersstraße um 145 Meter nach Osten über den Schnitt mit der Wannseebahn messen. Für den Ortsverkehr hat sich dieser Bahnhof mit seinem versteckt liegenden Zugang nicht recht für das Viertel am Innsbrucker Platz einleben können. Dafür waren Straßenbahn- und Omnibusverbindungen zu zahlreich und die dort einsetzende U-Bahnverbindung der Schöneberger Untergrundbahn [Bahnhof Hauptstraße, heute: U-Bahnhof Innsbrucker Platz, U-Bahnlinie U4, Anmerk. der Red.] zu günstig gelegen. Hier kann nur eine Haltestelle unmittelbar im Mittelpunkt dieses Verkehrsknotens einen Zuwachs bringen. Die Kosten belaufen sich auf etwa 800000 RM.

Auf der Wannseebahn fallen die durchschnittlichen Entfernungen der Bahnhöfe durch die drei neuen Haltestellen Schöneberg, Feuerbachstraße, Sundgauer Straße von 1,86 auf 1,43 Kilometer.

## Verkehrswirtschaftliche Gesichtspunkte für die Vermehrung von Haltestellen

An den Bau der neuen Haltestellen knüpft sich die Frage, ob man überhaupt an die Anlage von neuen Haltestellen im S-Bahnverkehr denken soll. Neue Haltestellen verlängern die Reisezeiten, vermehren die Anlagekosten und den Zinsendienst, vergrößern die Betriebskosten in personeller und sachlicher Hinsicht, die Zugförderungskosten insbesondere durch das Abbremsen und Anfahren. Sie erschließen aber neue Einnahmequellen, fördern die Siedlung, wirken auf den Wert von Grund und Boden. Städtebaulich kann man ihre Anlage im besonderen Fall ebensosehr begrüßen, wie man aus Gründen verkehrlicher Planwirtschaft von ihrem Bau abraten kann.

Rein finanzwirtschaftlich wird sich eine neue Haltestelle im S-Bahnverkehr rechtfertigen, wenn bei einem Anlagekapital von etwa 1 Million RM bei 5 % Verzinsung und 125000 RM Betriebskosten ein Verkehrszuwachs von täglich 2300 Fahrten zu erwarten ist. Das entspricht im Vorortverkehr bei der meist einseitigen Richtung der Neuwerbung von täglich 1150 Fahrten nach Berlin und ebensoviel zurück. Die Anlagekosten bewegen sich meist um 1 Million RM, sie sind niedriger, je weiter die Haltestelle von Berlin entfernt liegt und je billiger der Grunderwerb ist oder wenn er gänzlich fortfällt.

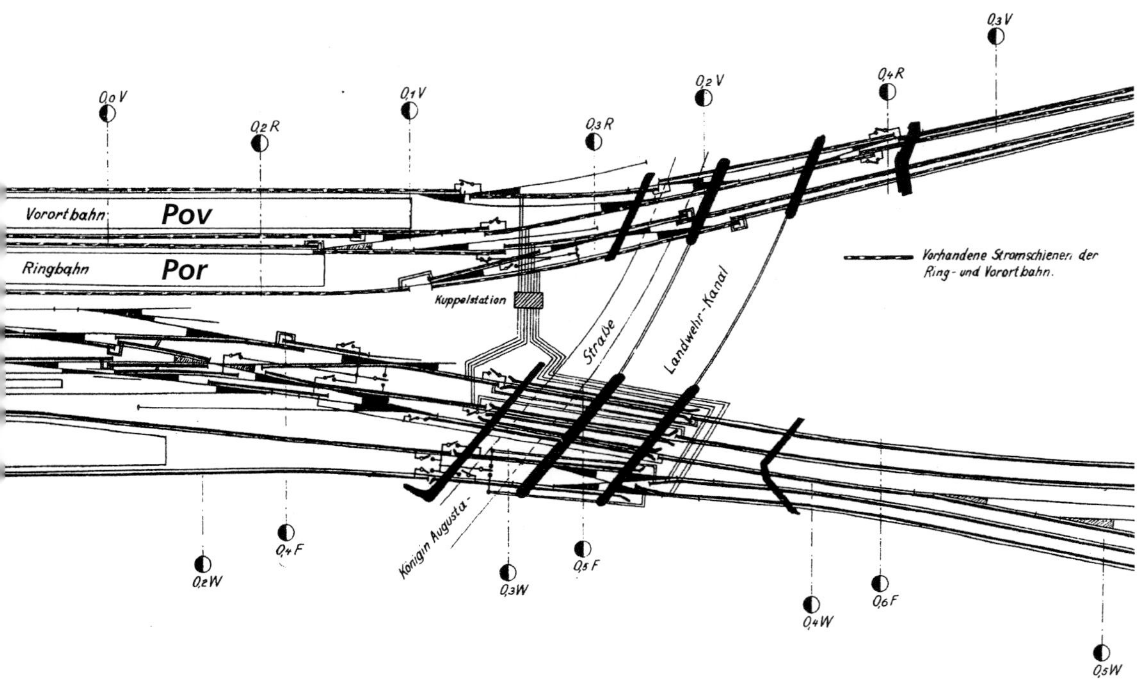

## Neue Autobus-Linien im Südwesten Berlins

**Wannseebahn-Konkurrenz spornt die B. V. G. an**

Die B. V. G. hat eine Reihe neuer Verkehrsverbindungen geschaffen, und zwar für Zehlendorf, Lichterfelde und Steglitz. Wer die Hartnäckigkeit kennt, mit der die B.V.G. Verkehrsverbesserungen aus angeblich finanziellen Gründen abzulehnen pflegt, wird über diese plötzliche Freigebigkeit erstaunt sein. In Wirklichkeit liegen die Dinge wohl auch anders. Die B. V. G. wittert in der Reichsbahn, das heißt in der neuen elektrifizierten Wannseebahn mit ihren Umsteigemöglichkeiten, einen gefährlichen Konkurrenten und beugt deshalb vor. Man kann nur wünschen, daß der B. V. G. möglichst viele Konkurrenz-Unternehmungen in die Quere kommen: dann haben die Berliner mehr Aussicht, ihre Verkehrswünsche verwirklicht zu sehen.

Im einzelnen werden folgende neue Verkehrsverbindungen im Südwesten Berlins geschaffen: Die Omnibuslinie A5 (Stettiner Bahnhof—Rathaus Steglitz) wird über das Rathaus Steglitz hinaus bis nach Zehlendorf-Mitte verlängert. Dadurch wird eine unmittelbare Omnibusverbindung zwischen Zehlendorf, Potsdamer Platz, Bahnhof Friedrichstraße und Stettiner Bahnhof geschaffen. Zwischen Rathaus Steglitz und der Innenstadt (Potsdamer Platz und Stettiner Bahnhof) wird das Platzangebot noch vermehrt durch die Einrichtung einer Ergänzungslinie A5E, die vom Rathaus Steglitz nach dem Stettiner Bahnhof fährt.

Die Omnibuslinie A14 (Weißensee—Alexanderplatz—Hallesches Tor—Rathaus Schöneberg) wird über das Rathaus Schöneberg hinaus durch die Hauptstraße, Rheinstraße und Schloßstraße bis zum Rathaus Steglitz verlängert. Es wird dadurch eine neue Verbindung zwischen Steglitz und dem Halleschen Tor geschaffen.

Ferner wird eine neue Omnibuslinie A18 eingerichtet, die vom Steinplatz in der Hardenbergstraße, Charlottenburg über den Zoo durch die Kaiserallee, Friedrich-Wilhelm-Platz, Kirchstraße, Kaisereiche, Saarstraße, Knausstraße, Bismarckstraße, Mariendorfer Str., Halskestraße, Siemensstraße, und Viktoriastraße bis zur Dreifaltigkeitskirche in Lankwitz fährt. Hierdurch wird der Ortsteil Lankwitz über Steglitz, Friedenau, Wilmersdorf unmittelbar mit Charlottenburg verbunden und zugleich die Linie A20 in der Kaiserallee entlastet.

Die von Stölpchensee nach Bahnhof Wannsee führende Omnibuslinie A17 ist bereits nach Zehlendorf-Mitte verlängert worden. Die von der Glienicker Brücke in Potsdam nach Zehlendorf-Mitte fahrende Omnibuslinie P bleibt bestehen, jedoch mit der Aenderung, daß sie unter Vermeidung des bisherigen Umweges über Zehlendorf-West in grader Linie auf der Potsdamer Chaussee nach Zehlendorf-Mitte fährt.

Diese Aenderungen und Ergänzungen werden ab 1. Februar 1933 eingeführt.

*Quelle: Berliner Morgenpost vom 15. Januar 1933*

Die S-Bahn dient im allgemeinen dem langstreckigen Vorortverkehr. Sie soll die Reisenden möglichst schnell auf weitere Strecken in die Stadt hineinführen. Von diesem Gesichtspunkt aus liegt sehr viel daran, möglichst hohe Geschwindigkeiten zu entwickeln. Man kann aber selbst bei der hohen Anfahrbeschleunigung im elektrischen Betrieb von 0,5 m/sec$^2$ nur bei einem Stationsabstand von etwa 6000 Metern die mögliche Höchstgeschwindigkeit von 80 km/Std. erreichen. Es sinkt die erreichbare Höchstgeschwindigkeit bei normaler Fahrweise bei einem Abstande

| | |
|---|---|
| von 4000 Metern auf | 72 km/Std. |
| von 2500 Metern auf | 68 km/Std. |
| von 1000 Metern auf | 57 km/Std. |

Es ist auch ein ... durchaus gesunder Grundsatz, den Zwischenverkehr den Straßenverkehrsmitteln zu überlassen. Aber man darf doch nicht übersehen, daß eine solche Frage nicht nur von diesem mehr akademischen Gesichtspunkte aus gewertet werden darf. Es ist nun einmal feststehende Forderung, daß neues Anlagekapital seine Verzinsung tragen muß. Sie aber würde gefährdet, wenn man die aussichtsreiche Hebung des Verkehrs in diesem Sonderfalle ausschlagen wollte. Man kann im allgemeinen annehmen, daß die Anlage einer neuen Haltestelle je weniger Aussicht auf Wirtschaftlichkeit hat, je näher sie dem Geschäftsviertel liegt, da die Anlagekosten unverhältnismäßig zu steigen pflegen, der Wettbewerb aber die Steigerung der Fahrtenzahl begrenzt.

### Elektrisierung und Wettbewerb

... Es kann über die Entwicklung der Nahverkehrsmittel in Berlin nur das eine Urteil gefällt werden, daß der Wettbewerb der technischen Entwicklung zugute gekommen ist und die Bevölkerung vor einer einseitigen tariflichen Monopolwirtschaft behütet hat. Im übrigen haben sich die Verkehrsmittel sozusagen aneinander emporentwickelt. Rückschläge, die das eine Verkehrsmittel durch einen technischen Fortschritt des anderen Verkehrsmittels trafen, haben sich sehr bald ausgeglichen.

Im Jahre 1902 wurde die Hochbahn eröffnet, zwei Jahre vorher hatte die Große Berliner Straßenbahn den 10-Pf.-Einheitstarif eingeführt. Beide Ereignisse mußten den Stadt-Ringverkehr stark beeinflussen. Die sinkenden Zahlen wurden von dem steigenden Vorortverkehr fast völlig aufgesogen, und der Rest ging in der allgemeinen Aufwärtsbewegung unter. Nachdem die Verkehrszahlen der S-Bahn in der Inflation unnatürlich angestiegen waren, erlitten sie einen ebenso starken Rückschlag, als Straßenbahn und Autobus wieder gesundeten und die städtischen Verkehrsmittel nach dem Zusammenschluß zur BVG

***Berlin Potsdamer Bahnhof um 1933** – links der Wannseebahnhof, im Bildhintergrund der Fernbahnhof, Im Vordergrund der Ring- und der Vorortbahnhof. Foto: Archiv Dr. M. Braun*

in ihren Verkehrszahlen einen glänzenden Aufstieg nahmen. Die S-Bahn mußte elektrisiert werden. Sie eroberte sich darauf wieder die Stellung im Berliner Verkehr, die sie vor dem Kriege hatte. Demnach wird man nicht behaupten können, daß ein für die Lebensbedürfnisse der BVG unerträglicher Zustand entstanden wäre. Bei normaler Entwicklung der Wirtschaft und bei normaler Entwicklung des technischen Fortschritts in beiden Unternehmungen wird sich immer wieder der alte Gleichgewichtszustand einstellen, ein Drittel des Verkehrs der S-Bahn, zwei Drittel der BVG.

## Fahrplan und Platzbedarf

Der Fahrplan auf der Wannseebahn wird, wie auch der Fahrplan der Bankierzüge, wesentlich verkürzte Fahrzeiten aufweisen. Die Fahrzeit Wannsee–Berlin wird auf der Wannseebahn um 23 % von 37 auf 30 Minuten, auf der Bankierzugstrecke von 29 auf 22 Minuten um 24 % sinken.

Auf der Wannseebahn die Zugzahl zu verdichten, liegt noch keine Veranlassung vor. Es kommt allenfalls später einmal eine zeitweise Verdichtung der Zugfolge ab Lichterfelde in Frage. Einstweilen muß man einen durchgehenden 10-Minuten-Betrieb ab Wannsee und einen 5-Minuten-Betrieb im Berufsverkehr ab Lichterfelde West von 7 bis 9 Uhr vormittags in der Richtung nach Berlin, von 15.40 bis 18 Uhr nachmittags in der Richtung von Berlin nach Richtung Wannsee, sonnabends von 13 bis 15 Uhr nachmittags von Berlin in Richtung Wannsee als ausreichend bezeichnen.

Dagegen soll auf der Bankierzugstrecke, wenn die Verkehrslage es erfordern sollte, eine Vermehrung der Züge eintreten. Bisher wurden ab Wannsee vormittags in der Zeit von 7 bis 9.30 Uhr sieben Züge gefahren, auf dem Rückweg von Berlin nach Wannsee von 13.30 bis 19.30 Uhr sechs Züge. Ebenso verkehren nachmittags von 15 bis 19 Uhr vier Züge von Wannsee nach Berlin. Für den elektrischen Betrieb ist beabsichtigt, die Bankierzüge so zu vermehren, daß in der Zeit von 7 bis 9.30 Uhr acht statt sieben Züge im Abstand von 20 Minuten nach Berlin Potsdamer Fernbahnhof gefahren werden. Ferner soll in der Zeit von etwa 14 bis 20 Uhr ein 30-Minuten-Verkehr in beiden Richtungen eingerichtet werden …

*Heutzutage etwas tiefer im Bahnsteigboden – die Sockel der Dachstützen. Foto: S-Bahn-Museum*

Der Feststellung des Platzbedarfs wurden die mehrfachen Zählungen zugrundegelegt, die im Laufe der Jahre 1925 bis 1931 durchgeführt und erst in den letzten Wochen nochmals geprüft wurden. Aus ihnen geht hervor, daß auf der Wannseebahn selbst eine Verdichtung der Zugfolge einstweilen nicht verantwortet werden kann. Sollte bei wieder einsetzendem Steigen des Verkehrs eine Schwierigkeit in der Richtung eintreten, daß die vom Wannseebahnhof kommenden Züge den vom Ring kommenden Umsteigeverkehr nicht aufnehmen können, dann werden von der Kehranlage des Umsteigebahnhofs Schöneberg aus Züge in Richtung Wannsee eingesetzt werden. Das Platzangebot für die 2. Wagenklasse ist ausreichend. Die zweite Klasse wird gegenwärtig von 17 % der Reisenden benutzt.

Für die Bankierzüge hat sich ebenfalls ergeben, daß nach der heutigen Verkehrslage die 8-Wagen-Züge ausreichen. Will man jedoch, ohne zu einer am Vormittag auf der Fernstrecke schwer durchführbaren Verdichtung der Zugfolge greifen zu müssen, bei wieder wachsendem Verkehr das Platzangebot vermehren, so können die Bahnsteige für die Aufnahme des 10-Wagen-Zuges eingerichtet werden.

## Elektrische Ausrüstung, Wagen, Bahnsteige, Oberbau

... Die Wannseebahn [folgt] dem Vorbild der Stadtbahn-Elektrisierung. Die Stromzuführung vermittelt das erweiterte Gleichrichterwerk Ebersstraße und ein neues Gleichrichterwerk Lichterfelde West. Die Stromart, Gleichstrom mit 800 Volt Betriebsspannung, und Zuführung mit dritter Schiene bleiben die gleichen wie auf den übrigen S-Bahnstrecken. Die 102 neuen Wagen (51 Trieb- und 51 Beiwagen) werden in der bekannten Ausführung beibehalten. Die Nieten des Wagenkastens werden versenkt ausgeführt werden. Die Fenster werden tiefer herabgelassen sein als bei den heutigen Stadtbahnwagen. An Stelle der früher elektro-pneumatischen Steuerung wird die rein elektrische Steuerung eingeführt. Ferner werden in den einzelnen Wagen Temperaturregler für eine selbsttätige Heizregulierung angebracht werden.

Die 12 Bahnsteige der Wannseebahn werden von 76 cm auf 96 cm erhöht. Praktisch erhöht sich das Maß der Hebung von 20 bis auf 50 cm, da die Bettung verstärkt wird und die Bahnsteige teilweise abgesunken sind. Gleichzeitig müssen Mittel für den Neubau einer Anzahl Bahnsteigaufbauten (Wartehallen, Diensträume) aufgewendet werden. In Friedenau müssen neue Räume für die Gepäckabfertigung geschaffen werden. Auf dem Potsdamer Fernbahnhof sollen von den drei Bahnsteigen die beiden Bahnsteige B und C, an denen die elektrischen Bankierzüge abgefertigt werden, ebenfalls erhöht werden. Da aber auch für die Lichtraummaße der Fernzüge die zulässigen Spielräume eingehalten werden müssen, wird die Oberkante dieser Bahnsteige lediglich auf +86 cm gelegt werden. Maßgebend für diese Entscheidung waren nicht nur theoretische Rechnungen, sondern auch praktische Erprobungen an einem für die Bahnsteighöhen 86 cm, 96 cm und 1,03 m erhöhten Bahnsteige in Lichterfelde Ost, an dem sowohl die alten Stadtbahnabteilwagen, die elektrischen Wagen, die Fernzugabteilwagen, die neuen Einheitswagen und die D-Zugwagen mit zwei und drei Trittbrettern herangeführt und auf bequemes Ein- und Aussteigen erprobt wurden ...

Der Oberbau wird anläßlich der Elektrisierung einer durchgreifenden Verbesserung unterzogen, er wird auf einer zusammenhängenden Strecke von 14,6 km Gleislänge erneuert. Auf 8 km wird er planmäßig durchgearbeitet. Auf der Reststrecke von 14,6 km werden die Stöße verbessert, nach Bedarf die Schwellen oder die Schienen oder das ganze Gleis im Zusammenhang erneuert. Die neuen 30-Meter-Schienen und die alten 15-Meter-Schienen werden auf 60 Meter verschweißt ...

## Neuer Abstellbahnhof in Wannsee, Kehranlagen, Signalanlagen

In Wannsee wird ein neuer Abstellbahnhof gebaut. Es liegt im Sinne der Verkehrsrichtung am frühen Vormittag und am späten Abend, wenn der Betrieb von Wannsee aus in Gang gesetzt wird und abends dort endet, Schwierigkeiten in Personalfragen, Uebernachtungen, Unterkunft in Wohnungen müssen überwunden werden. Die Anlage kann später, wenn einmal an eine Durchführung durch die Stadt gedacht werden sollte, verdoppelt werden ... Die Kehranlagen wurden beschränkt auf den Umsteigebahnhof Schöneberg, auf Lichterfelde West und Zehlendorf Mitte. Die Kehranlagen in Steglitz und Schlachtensee werden ausgebaut [abgebaut! Anmerk. d. Red.].

Das bisherige Signalsystem (Flügelsignale) wird beibehalten. Wie bei den anderen in Berlin elektrisierten Strecken werden die Signale mit Fahrsperren ausgerüstet. Sie werden hierbei auf die dem elektrischen Betrieb entsprechende Bremsweglänge vor den Gefahrpunkten versetzt ...

## Gütergleis Zehlendorf Mitte–Schlachtensee

Will man die Beschleunigung der Bankierzüge und der Wannseebahnzüge mit starrer Zugfolge voll zur Auswirkung bringen, dann müssen die Wannseebahngleise auf dem Streckenabschnitt Schlachtensee bis Zehlendorf Mitte von dem heute noch auf diesem Streckenabschnitt laufenden Güterzugbetrieb entlastet werden. Von Wannsee bis Schlachtensee verkehren die Güterzüge bereits auf einem besonderen Gleis. Von Zehlendorf Mitte bis zum Güterbahnhof Steglitz laufen sie auf den Ferngleisen. Dann gehen sie auf einem besonderen Gütergleis bis zum Betriebsbahnhof Schöneberg und von dort entweder über den Ring nach Tempelhof oder weiter auf dem Gütergleis nach dem Potsdamer Güterbahnhof.

Daher ist für die Verbindung Zehlendorf Mitte–Schlachtensee der Bau eines dritten Gleises vorgesehen worden, falls man nicht durch eine andere Leitung der Güterzüge den Bau entbehrlich machen kann. Außerdem ist der Umbau der 10 Meter breiten Straßenunterführung der Hauptausfallstraße nach Potsdam beim Bahnhof Zehlendorf West in eine 40 Meter breite Unterführung nötig geworden. Auch der noch vorhandene schienengleiche Wegübergang der Zietenstraße bei Schlachtensee soll beseitigt werden. Endlich wird der schienengleiche Wegübergang des vorhandenen Gütergleises bei Nikolassee in der Parallelstraße durch eine Wegunterführung ersetzt werden ...

## Der Kostenanschlag

Der Kostenanschlag für die Elektrisierung der Wannseebahn und die Umgestaltung der Bahnanlagen mußte sich der Not der Zeit entsprechend eine Reihe von Einschränkungen gefallen lassen. Vor allem konnte die Zahl der neuen Wagenzüge dem Verkehrsrückgang entsprechend geringer angesetzt werden. Es werden einige Wagenzüge aus dem Be-

### *Die Stromschienen der Bauart Wannsee*

*Aus einer Dienst-Information der Fahrleitungsmeisterei Berlin-Halensee vom Mai 1933*
*Archiv S-Bahn-Museum*

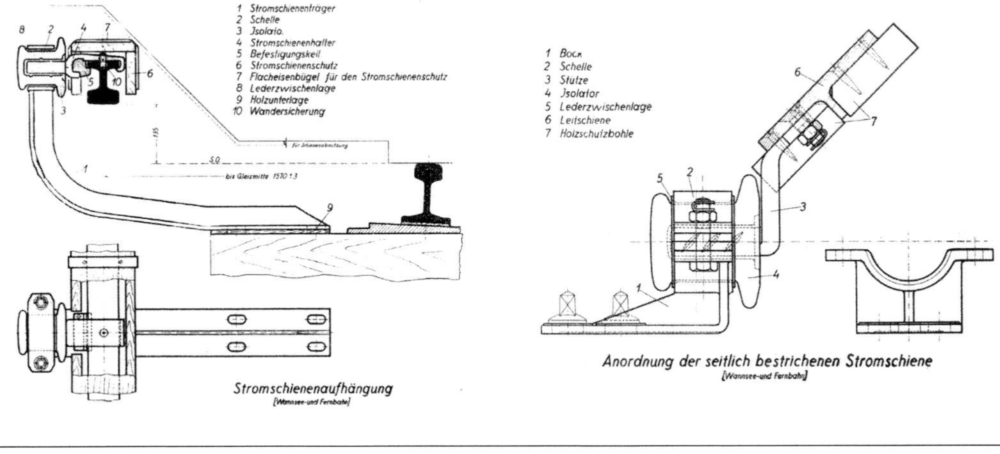

stande der Stadtbahn-Elektrisierung dem Wannseebetrieb überwiesen werden, die Reserve wird aufs äußerste eingeschränkt. In den Anschlägen konnten gegenüber den Stadtbahnanschlägen infolge der Senkung der Löhne und der Baustoffkosten die Kosten für die bautechnischen und die elektrischen Anlagen und die Kosten für die Wagen erheblich herabgesetzt werden.

Der Gesamtanschlag schließt mit 22,7 Mill. RM ab. Davon fallen auf die Bahnhöfe und Streckenanlagen 9,2 Mill. RM (39,6 %), auf die Fernmelde- und Sicherungsanlagen 1,2 Mill. RM (5,6 %), auf die elektrischen Anlagen 4,3 Mill. RM (18,6 %). In den Kosten sind 12 ½ % allgemeine Unkosten enthalten. Auf die neuen Wagen fallen 8,0 Mill. RM (36,2 %). Von der Gesamtsumme entfallen 13,1 Mill. RM auf die Vermögensrechnung, 8,0 Mill. RM auf die Betriebsrechnung, 1,6 Mill. RM sind allgemeine Unkosten. Als reine Elektrisierungskosten (die stationären elektrischen Anlagen, Bahnsteig-Erhöhungen, Fernmelde- und Sicherungsanlagen, Abstellbahnhof Wannsee und Fahrzeuge) würde ein Betrag von etwa 15 Mill. Reichsmark anzusehen sein, je Streckenkilometer (das viergleisige Teilstück Potsdamer Bahnhof–Zehlendorf Mitte nur einfach gerechnet) 810 000 RM. Insgesamt fallen auf einen Streckenkilometer 1 220 000 RM ...

## Verkehrszuwachs und Wirtschaftlichkeit

Gegenüber den bisherigen Verkehrszahlen wird ein Verkehrszuwachs des inneren Wannseebahnverkehrs von 10 % erwartet. Er ist 6 % niedriger geschätzt worden als der bei der Stadtbahn-Elektrisierung eingetretene Zuwachs von 16 %. Die besondere Wettbewerbslage ließ diese Einschränkung geraten erscheinen. Aus dem Umsteigebahnhof Schöneberg darf, wie erwähnt, ein Zuwachs des heute bestehenden Umsteigeverkehrs Großgörschenstraße–Schöneberg in Höhe von 90 % erwartet werden. Die neuen Bahnhöfe Feuerbachstraße, Sundgauer Straße und Innsbrucker Platz werden dem Wannseebahnverkehr neue Einflußgebiete erschließen. Insgesamt kann der Zuwachs mit den neu erschlossenen Gebieten auf etwa 6 Mill. Fahrten angenommen werden, entsprechend einer Jahreseinnahme von 1,2 Mill. RM.

Hierzu treten die Ersparnisse aus dem elektrischen Betrieb in Höhe von etwa 1,6 Mill. RM ..., Fahrstrom gegenüber Lokomotivkohle mit Zugheizung bringt eine Ersparnis von 3,6 %, Lokomotivspeisewasser und Wagen- und Lokomotivbeleuchtung werden voll erspart. Bei der Ausbesserung der Fahrzeuge ergibt sich eine Ersparnis von 46 %, beim Personal von 16,4 %. Die Sachausgaben für die Unterhaltung und Erneuerung des Oberbaues werden beim elektrischen Betrieb nach genaueren Anschlägen 6 % teurer anzunehmen sein. In voller Höhe sind die Kosten für die Unterhaltung der Stromschienen und elektrischen Anlagen anzusetzen. Auch bei der Unterhaltung der sonstigen Bahnanlagen (Vermehrung der Bahnhöfe, Eisenkonstruktionen) ergibt sich eine Mehrausgabe von 18,3 %. Betriebsstoffe (Oel, Putz- und Schmiermaterial) ergeben im elektrischen Betrieb 56 % Ersparnis. Minderaufwendungen für Verwaltungskosten sind zu 3,4 % errechnet und Ersparnisse aus Dienstkohlenfrachten zu 5 % angesetzt worden. Rein rechnungsmäßig ergibt sich bei den Dienstgutfrachten eine bedeutend höhere Ersparnis. Sie kann sich jedoch aus betrieblichen Gründen bei weitem nicht in dieser Höhe auswirken. Rechnet man gegen die Mehreinnahmen und die Betriebsersparnis die Verzinsung des neuen Anlagekapitals in seiner ursprünglich angenommenen Höhe von 26 Mill. RM zu 4½ % auf, so bleibt eine Mehreinnahme von etwa 1,7 Mill. RM. Um diesen Betrag wird sich der Wannseebahnfehlbetrag und damit der S-Bahnfehlbetrag senken. Die Wannseebahn, die jährlich bisher mit einem ungedeckten Betrag von 2,2 Mill. RM (bei einem Betriebsfehlbetrag von 1,4 Mill. RM) arbeitete, wird künftig mit einem ungedeckten Betrag von 0,5 Mill. RM betrieben werden.

Es steht zu erwarten, daß ... [sich] die verminderten Einnahmen und die Einschränkung der Betriebsausgaben die Waage halten und die Baukosten gefallen sind ...

## Bauzeit

Die Bauausführung ist auf etwa 1½ Jahre bemessen. Der Schwerpunkt der Einteilung lag bei dieser Elektrisierung in dem Ineinandergreifen von Oberbauarbeiten, von Stromschienenverlegung mit der Beseitigung der Störungsstellen, von der Verstärkung der Bettung nach den neuen Oberbauvorschriften und der mit ihr zusammenhängenden Erhöhung der Bahnsteige und von der Verkabelung der Fernmelde- und Sicherungsleitungen. Mit den Oberbauarbeiten werden eine Reihe Verbesserungen in den Krümmungsverhältnissen verbunden. Die Oberbauarbeiten haben daher den Vortritt, ihnen folgen die Stromschienen. Die Verkabelung kann erst vorgenommen werden, wenn die Strecke frei ist.

Unabhängig sind die Bauarbeiten für den Umsteigebahnhof Schöneberg und auf Bahnhof Innsbrucker Platz. Von Verhandlungen in größerem Rahmen mit der Stadt abhängig ist der Bau von Feuerbachstraße und Sundgauer Straße ...

## Die ursprüngliche Finanzplanung für die Elektrisierung der Wannseebahn

**Kostenverteilung auf einzelne Industrie- und Gewerbegruppen [in Millionen Reichsmark]**
**Die geplanten 34 Mio. Reichsmark wurden durch Einsparungen auf 22,7 Mio. Reichsmark reduziert.**
Daten und Formulierungen gem. Vermerk der RBD Berlin vom Januar 1931, Tabellengestaltung durch die Redaktion

Betriebsführung: Wannseebahnzüge elektrisch bis Wannsee, Bankierzüge elektrisch bis Potsdam, Dampfpendelzüge zwischen Potsdam und Werder [über die Stammbahn; Anmerkung der Redaktion] Quelle: Landesarchiv Berlin

| | Reine Baukosten | Allgem. Unkosten | Zusammen |
|---|---|---|---|
| **a) Hoch und Tiefbau** | | | |
| **Bahnhofs- und Streckenanlagen (ohne Fahrtreppen)** | 8,221 | 1,028 | 9,249 |
| **Bautechnischer Teil der Gleichrichter** | 0,318 | 0,040 | 0,358 |
| **b) Starkstrom** | | | |
| **Stromschienenanlagen (ohne Schienen, Laschen, Böcke)** | 2,211 | 0,276 | 2,487 |
| **Maschineller Teil der Gleichrichter** | 1,179 | 0,147 | 1,326 |
| **Hochspannungskabel** | 0,570 | 0,071 | 0,641 |
| **c) Schwachstrom** | | | |
| **Fahrsperren, Schutzvorrichtungen, Fernmelde- und Uhrenanlagen, Sicherungsanlagen** | 1,336 | 0,167 | 1,503 |
| **d) Fahrzeuge** | | | |
| **Wagenbau** | 9,100 | – | – |
| **Elektrische Ausrüstung der Wagen** | 4,700 | – | – |
| **Sonstiges Zubehör** | 0,400 | – | – |
| **Summe Fahrzeug-Baukosten** | – | – | 14,200 |

In den Beträgen für die Fahrzeuge sind gewisse allgemeine Unkosten bereits enthalten

| | Reine Baukosten | Allgem. Unkosten | Zusammen |
|---|---|---|---|
| **e) Eisen** | | | |
| **Stromschienen, Laschen, Böcke** | 0,600 | 0,075 | 0,675 |
| **Schienen und Weichen** | 0,745 | 0,093 | 0,838 |
| **Bahnsteighallen und Bahnsteigkonstruktionen** | 0,380 | 0,047 | 0,427 |
| **Fahrtreppen** | 0,300 | 0,038 | 0,338 |
| **f) Grunderwerb** | 1,356 | 0,170 | 1,526 |
| **g) Frachtkosten** | 0,450 | 0,056 | 0,506 |
| **Insgesamt** | 31,886 | 2,208 | **34,074** |

## Kostenansatz für die Anfang 1931 geplanten S-Bahn-Bauvorhaben

Daten gemäß Vermerk der RBD Berlin vom 2. Februar 1931, Tabellengestaltung durch die Redaktion Quelle: Landesarchiv Berlin

| Kostenüberschlag für | Fahrzeuge Ganzzüge | Gesamtkosten [Mio Mark] | Bemerkung |
|---|---|---|---|
| **a) Verbindungsbahn Anhalter Bahnhof–Stettiner Bahnhof** | 11 | 161,6 | Landwehrkanal ausschließlich bis Stettiner Bahnhof einschließlich Streckenlänge von Bahnsteigmitte Ahb bis Bahnsteigmitte Stb 4,3 km |
| **b) Elektrisierung der Wannseebahn** | 20 | **34,1** | Aus dem Betriebshaushalt als Ersatz für Dampfzüge |
| **c) Einführung der südlichen Vorortstrecken und der Ringbahn in die Verbindungsbahn Anhalter Bahnhof (Ahb)–Stettiner Bahnhof (Stb)** | 5,5 | 51,6 | Teilweise aus dem Betriebshaushalt als Ersatz für die Dampfzüge Priesterweg–Potsdamer Ringbahnhof |
| **d) Elektrisierung der Strecke Priesterweg–Mahlow** | 5 | 9,8 | Lediglich Elektrisierung ohne etwaige Bahnhofsumbauten, viergleisigen Ausbau, Hochlegung |

***Die Stromversorgung der Wannseebahn***

*Information der Fahrleitungsmeisterei Berlin-Halensee vom Mai 1933. Archiv S-Bahn-Museum*

## Rückwirkungen der Elektrisierung, Arbeitsbeschaffung

Eine Betriebsumstellung ... läßt sich von dem Standpunkt des Wettbewerbs aus allein nicht beurteilen. Sie etwa unterlassen zu sollen, um die Wettbewerbsverhältnisse nicht zu verschieben, kann wohl kaum irgendeiner, mit der Berliner Verkehrsfrage beruflich verflochtenen Instanz in den Sinn kommen. Es herrscht in den für die Hebung und zeitgemäße Durchführung des Großstadtverkehrs maßgebenden Reichsbahn- und städtischen Stellen durchaus Einvernehmen. Die Zusammenarbeit bei der Erneuerung von Unter- und Ueberführungen und der Verbreiterung von Straßenunterführungen, der stets sehr wichtigen, weil kostspieligen Fragen der Vergrößerung der Durchfahrthöhen, der Rücksichtnahme auf künftige Fernbahnelektrisierungen mit den großen lichten Höhen, die Zusammenarbeit bei der Errichtung baulich zusammenhängender U-Bahn- und Stadtbahnstationen, insgesamt Ausführung von Hunderten von Mill. RM in der Zeit nach dem Kriege, haben bei den beteiligten Personen ein Einvernehmen in den aus den großstädtischen Verkehrsfragen entstammenden Aufgaben geschaffen, wie man es sich besser kaum denken kann ...

Begrüßt wurde aber vor allem die Beschaffung von Arbeitsmöglichkeit. Bei den Arbeiten für die Wannseebahnelektrisierung wurden beschäftigt auf den Baustellen im Juli 1932: 836, August 1932: 1127, September 1932: 1271 Kräfte. Ebensoviele mögen in den Werken beschäftigt sein ...

## Rücksicht auf die zukünftige Entwicklung

Die Elektrisierung wird aber auch begrüßt im Hinblick auf die noch ausstehende große Aufgabe einer Durchführung der südlichen Vorortbahnen nach dem Norden zur Verknüpfung mit den nördlichen Vorortbahnen. Gewiß klingt es vermessen, im Augenblick an solche Pläne zu denken. Es muß aber bei allen Bauausführungen mindestens der Rahmen so gesteckt sein, daß eine spätere Zukunft die Möglichkeit einer solchen Durchführung nicht verbaut sieht. Da sich bei einer solchen Durchführung in dem Dreieck Ebersstraße, Papestraße, Schöneberg erhebliche Umgestaltungen vollziehen mußten, war es Pflicht, den Umbau des Umsteigebahnhofs Schöneberg so zu planen, daß diese Absichten nicht unmöglich oder auch nur unnötig verteuert werden. Wurde bereits der Plan der Elektrisierung der Wannseebahn von der Stadt Berlin wohlwollend gefördert, um so erfreulicher ist es, der Hilfe der Stadt auch bei den weitergehenden Plänen durchaus sicher zu sein.

Die Frage der Verbindung der im Süden und Norden in Berlin einmündenden Eisenbahnstrecken ist zum ersten Male in der breiteren Öffentlichkeit nach dem Wettbewerb Groß-Berlin 1910 erörtert worden. Die Wettbewerber hatten alle in der einen oder anderen Form die Durchführung sowohl der Fernbahnen wie der Vorortbahnen durch Berlin hindurch nach Art der Stadtbahn, allerdings nunmehr als Tunnelbahn, vorgesehen. Aber nur einer der Wettbewerber hat bezüglich der Fernbahnen eine Untersuchung über den wirtschaftlichen Erfolg angestellt. Jedoch hat sich diese Untersuchung auf allgemeine akademische Erörterungen beschränkt. Zahlen wurden nicht geliefert. Die betriebswissenschaftliche Forschung war im Jahre 1910 auch noch nicht soweit vorgedrungen, daß man in der Lage gewesen wäre, diese Frage in ihren Einzelheiten voll auszuschöpfen und auf ihren finanziellen Erfolg hin zu übersehen. Es handelt sich dabei in erster Linie um die Feststellung, ob sich ein solcher „Stadtbahnbetrieb" billiger stellt als der Betrieb der heutigen Kopfbahnhöfe.

Die Verbindung der südlichen und nördlichen Vorortbahnen ist bereits im Jahre 1907 durch den Plan angeregt worden, die Wannseebahn nach dem Stettiner Bahnhof durchzuführen. Über das Erstrecht des Gedankens soll hiermit keine Entscheidung gefällt werden. Der Plan ist schon früher im Schoße der Staatsbahnverwaltung behandelt worden. Der Gedanke ist so alt wie die Stadtbahn. Nur war man sich schon zu Zeiten des Baues der Stadtbahn darüber klar, daß eine solche Nord-Süd-Verbindung als eine auf Gewölben ruhende Hochbahn nicht möglich sein würde. Zu dem Bau einer Tunnelbahn aber fehlten in den achtziger Jahren noch alle technischen Voraussetzungen.

Wenn man an die Verwirklichung dieses Projektes denken will, so muß man die Frage des Fernverkehrs von der Frage des Vorortverkehrs völlig trennen. Die Fernbahnen miteinander zu verbinden und damit gleichzeitig an eine Zusammenlegung des Anhalter und Potsdamer Bahnhofs zu denken, verspricht

*Berliner Lokalanzeiger, 29. September 1931, Archiv Dr. M. Braun*

# Wannseebahn wird elektrisch.

## Auch Berlin—Hoppegarten. — Das Arbeitsbeschaffungsprogramm der Reichsbahn.

**Wie wir von zuständiger Seite erfahren, wird die Berliner Reichsbahndirektion, sobald das Ergebnis der großen Reichsbahnanleihe vorliegt und die Verteilung der Gelder auf die Direktionsbezirke erfolgt ist, mit der Durchführung ihres großen Arbeitsbeschaffungsprogramms beginnen. Berlin hat bereits der Hauptverwaltung ein umfassendes Bauprogramm unterbreitet, das der Industrie sehr erhebliche Aufträge sichert. An erster Stelle steht die immer wieder hinausgeschobene Elektrisierung der Wannseebahn.**

Die Kosten dieses Projektes belaufen sich auf etwa 30 Millionen Reichsmark, und die Reichsbahn hofft durch seine Ausführung den ihr verloren gegangenen Verkehr zurückzugewinnen. Sie will aber darüber hinaus durch Einlegung von neuen Stationen auf der Wannseestrecke noch Bezirke erfassen, die bisher gezwungen waren, sich ausschließlich der städtischen Verkehrsmittel zu bedienen. Dann soll — an zweiter Stelle — die Elektrisierung der Strecke nach Hoppegarten, und zwar viergleisig, durchgeführt werden. Die Siedlungstätigkeit hat im Osten sehr stark zugenommen, und die Reichsbahn verspricht sich ebenfalls von einer Elektrisierung gesteigerten Verkehr und erhöhte Einnahmen. Drittens soll der viergleisige Ausbau der Strecke Grunewald—Nikolassee weiter durchgeführt werden.

Diese drei Punkte sind zunächst als dringlich bezeichnet worden. Nebenher werden die unbedingt notwendigen Verstärkungen der Stadtbahnbögen zwischen Bahnhof Zoo und Charlottenburg ausgeführt werden.

### Das Tunnelprojekt erneut erwogen.

Schließlich will die Reichsbahndirektion noch den Anhalter Bahnhof umbauen und dort mehr Gleise legen lassen, da die bisherigen für den starken Fernverkehr nicht mehr genügen. Auch das Projekt eines Reichsbahn-Tunnels vom Stettiner Bahnhof über die City nach dem Anhalter Bahnhof, das seinerzeit vom „Berliner Lokal-Anzeiger" angeregt wurde, ist nicht etwa zu den Akten gelegt, sondern wird, wie wir erfahren, „weiter ernsthaft erwogen". Auch hierbei verspricht sich die Reichsbahn eine Rentabilität und zugleich eine erhebliche Erleichterung für das reisende Publikum, das dann, ohne auf die städtischen Verkehrsmittel umsteigen zu müssen, schnell und bequem vom Norden nach dem Herzen der City befördert werden kann.

keinerlei Aussicht auf Verwirklichung. Ein solches Projekt würde Summen verschlingen, deren Verzinsung weder durch Betriebsersparnisse noch etwa gar durch eine Verkehrsvermehrung gedeckt werden könnte. Die Einzelheiten der Untersuchungen haben sowohl in verkehrlicher wie in betrieblicher und nicht zuletzt in baulicher Hinsicht die Ansicht verschärft, daß an eine Verwirklichung eines solchen Planes nicht zu denken ist. Es ist das Schicksal so mancher großangelegter städtebaulicher Pläne, daß sie an der Ueberspannung des Gedankens zugrunde gehen. Daher heißt es, sich bei diesen Fragen zu bescheiden und sich von dem Gedanken an optimale technische Lösungen freizumachen.

Man muß sozusagen den Mut zu der technisch unvollkommenen Lösung finden. Wenn man daher diesem Gedanken zum Leben verhelfen will, so sollte man die Frage einer Fernverbindung durch Berlin hindurch vollkommen ausschalten. Der durchgehende Verkehr durch Berlin hindurch ist nicht bedeutend. Nach den Zählungen beträgt er auf der Stadtbahn bei den vorzüglichen Anschlußverbindungen höchstens 9 % aller in Berlin auf den Bahnhöfen der Stadtbahn ankommenden Reisenden. Dabei muß im Auge behalten werden, daß in diesem Prozentsatz der rege Arbeiter- und Angestelltenverkehr von Polen nach Frankreich und zurück enthalten ist. In der Nord-Süd-Richtung (und umgekehrt) beträgt dieser Verkehr noch keine 4 % der in diesen Verkehrsverbindungen in Berlin ankommenden Reisenden. Dieser Durchgangsverkehr hat sich dazu noch gegenüber früher infolge der schlechten Wirtschaftslage gehoben. Er wird vermutlich wieder zurückgehen, wenn es dem einzelnen Reisenden nichts ausmacht, wie früher seine Reise in Berlin ein oder zwei Tage zu unterbrechen. Aber selbst wenn sich dieser Verkehr in der Nord-Süd-Richtung verdoppelt oder verdreifacht oder auch verfünffacht, würden diese Zahlen für die Verzinsung eines derartigen Planes nicht irgendwie ins Gewicht fallen. Eine kombinierte Nord-Süd-Verbindung für die Vorort- und die Fernstrecken würde mit den gewaltigen Umbauten, wie man sie sich für den Potsdamer und den Anhalter Bahnhof gedacht hatte und wie sie in großem Maßstabe die Einführung der südlichen und nördlichen Fernbahnen umfassen würde, mit der Anlage neuer Abstellbahnhöfe und dem Bau von zwei neuen Verschiebebahnhöfen Summen umfassen, die zwischen ½ und 1 Milliarde RM liegen.

Von den wirtschaftlichen Folgen einer Verlegung der beiden Kopfbahnhöfe des Anhalter und des

## Die Reichsbahn-Anleihe von 1931, steuerfrei und mit Steueramnestie …

Texte und Faksimilee – Zusammenstellung von Dr. Michael Braun

Im Programm der Großen Elektrisierung ist die Wannseebahn aus Kostengründen bekanntlich nicht erfaßt gewesen. Erst mit einer besonderen Anleihe konnten ihre Kosten von rund 23 Millionen Reichsmark finanziert und ab Ende November 1931 in das Bauprogramm der Deutschen Reichsbahn eingestellt werden.

**Pikant nebenbei:**
Um die Motivation zur Zeichnung zu erhöhen, gewährte die Staatsregierung auch damals schon Steuersündern Straffreiheit. Der Erfolg war eindeutig …

**Die Anleihe**
„Zur Durchführung der Verordnung des Reichspräsidenten über Aktienrecht, Bankenaufsicht und über eine Steueramnestie vom 19. Sept. 1931 (RGBl IS. 493) wird von der Deutschen Reichsbahn-Gesellschaft die 4½%ige steuerfreie Reichsbahn-Anleihe 1931 zum Nennwert angeboten …"

**Steuersündern blieb wenig Zeit**
„Wer Steueramnestie durch Erwerb dieser Anleihe erlangen will, muß die Anleihe bis zum 15. Oktober 1931 in der aus der Zweiten Steueramnestie-Verordnung vom 19. September 1931 sich ergebenden Höhe zeichnen und den Erwerbspreis vollständig und rechtzeitig … zahlen."
Zitate aus: Die Reichsbahn, 1933, Seite 909

**Gut „gezeichnet"**
„Die günstigen Zeichnungsergebnisse, die die Reichsbahn-Anleihe gehabt hat, ermöglichen es der Reichsbahn, ein großes Beschaffungprogramm aufzustellen. Bei dieser Gelegenheit können … manche wegen Geldmangels zurückgestellten Verkehrspläne verwirklicht werden; zu diesen Plänen gehört die Elektrisierung der Berliner Wannseebahn."
Zitat aus: Waggon- und Lokomotivbau, 1931

DEUTSCHE
REICHSBAHN-GESELLSCHAFT

Diese Anleihe ist wertpapiersteuerfrei (§ 14 (3) der Zweiten Steueramnestieverordnung vom 19. September 1931 (RGBl. I S. 500))

№ 00000

100 Goldmark 4½% Buchstabe

Schuldverschreibung

über

100 GOLDMARK

(1 GOLDMARK = 1/2790 kg FEINGOLD)

Ausgegeben auf Grund des § 8 des Reichsbahngesetzes und des Beschlusses des Verwaltungsrats vom 14 September 1931 sowie auf Grund der Verordnung des Reichspräsidenten über Aktienrecht, Bankenaufsicht und über eine Steueramnestie vom 19 September 1931, Reichsgesetzbl I S 493

Die DEUTSCHE REICHSBAHN GESELLSCHAFT schuldet dem Inhaber dieser Schuldverschreibung HUNDERT GOLDMARK nach Maßgabe der umseitig abgedruckten Bedingungen.

Berlin, den 1. Oktober 1931.

DEUTSCHE REICHSBAHN-GESELLSCHAFT
Der Vorstand

Eingetragen im Kontrollbuch
Blatt

Kontrollbeamter

Potsdamer Bahnhofs und der Entwertung der ganzen Viertel um diese Bahnhöfe, der Gefährdung der Interessen der City soll dabei gar nicht die Rede sein. Wenn aber für ein derartiges Projekt also etwa 30 bis 40 Mill. RM Zinsen im Jahr aufgebracht werden müssen, dann fragt man sich bei nüchterner Ueberlegung, wie bei einer Gesamteinnahme und bei einer etwa gleichhohen Ausgabe des Reichsbahndirektionsbezirks Berlin in den Jahren der Hochkonjunktur in Höhe von etwa 250 bis 300 Mill. RM derartige Summen durch angebliche Betriebsersparnisse, die aus dem Durchgangsbetrieb erwachsen sollen, herausgewirtschaftet werden sollten. Man könnte sich vorstellen, daß ein in Macht und Reichtum erblühtes Deutsches Reich als ingenieur-technischen Ausdruck dieser Machtstellung seiner Reichshauptstadt ein Geschenk in Höhe des erforderlichen Anlagekapitals hätte machen können. In unserer heutigen Lage bedeuten solche Gedankengänge nur eine Illusion. Von diesem Gesichtspunkt aus kann die Verwirklichung dieses beschränkten Zieles nur dann mit aller Energie verfolgt werden, wenn man mit um so größerer Entschlußkraft jeden Gedanken von sich stößt, der als zu weitgehend dieses Ziel gefährdet. Nur wenn die Rentabilität gesichert ist, kann an den Bau gedacht werden.

Leitete die Elektrisierung der Wannseebahn die Gedanken zurück in den Aufstieg des neu erstandenen Reiches [das Wilhelminische Kaiserreich, Anmerk. der Red.], ließ sie noch einmal mit dem vorbildlichen Ausbau zur selbständigen Vorortbahn die Höhepunkte der Entwicklung der Berliner Stadt-, Ring- und Vorortbahnen vor uns erstehen, so weist sie auch in eine hoffentlich nicht zu ferne Zukunft, die den Schlußstein in der Ausgestaltung des S-Bahnnetzes bringen soll. [Zitat Ende]

# 2.2 Sparen, Sparen, Sparen …

Quelle: Landesarchiv Berlin;
Recherchen: Frank Böhnke, Hervorhebungen und Überschriften durch die Redaktion

*Die folgenden Zitate aus Vermerken und Schreiben des Reichsverkehrsministeriums, der Hauptverwaltung der Deutschen Reichsbahn-Gesellschaft (DRG), der Reichsbahndirektion Berlin (RBD Berlin) und der Reichsbahnbetriebsämter beleuchten den Bau der elektrischen Wannseebahn näher. Sie ergänzen den Beitrag von Dr. Remy um weitere Einzelheiten. Bezeichnend sind zwei Aspekte:*

*Erstens: Die große Bedeutung der Arbeitsbeschaffung bei der Entscheidung zugunsten der Elektrifizierung und des Streckenausbaus.*

*Zweitens: Die schlechten wirtschaftlichen Bedingungen, die Anfang der dreißiger Jahre dazu zwangen, die Kosten gering zu halten, sie letztendlich von den ursprünglich angesetzten 34 Millionen Reichsmark (RM) auf weniger als 23 Millionen Reichsmark zu senken.*

### Bahnhofsneubau am Sachsendamm

**Vermerk der RBD Berlin vom 5. Januar 1931**

„Für den Bau des Umsteigebahnhofs Ebersstrasse ist bei der Veranschlagung der Elektrisierung der Wannseebahn ein Kostenanschlag aufgestellt worden, der mit 5 120 000 RM abschloß. Inzwischen sind für vorbereitende Arbeiten zu diesem Bahnhof von der Hauptverwaltung 370 000 RM zur Verfügung gestellt worden. Diese Überweisung hat es ermöglicht, einen großen Teil der Arbeiten für den späteren Bahnhof schon jetzt, gelegentlich des Umbaues der Unterführungen für den Sachsendamm und die Tempelhofer Straße auszuführen und den Bau des Umsteigebahnhofs damit deutlich zu verbilligen.

Für die Hauptverwaltung (Herrn Geheimrat Kraefft) sollen nunmehr die für den Bahnhofsbau noch aufzuwendenden Kosten erneut festgestellt werden, damit die Hauptverwaltung bei event. Mittelverteilungen aus dem Arbeitsbeschaffungsprogramm richtige Unterlagen hat. In dem neuen Anschlag sollen, um zu einer möglichst kleinen Endsumme zu kommen, entbehrliche Anlagen, z. B. der Zugang zum Ringbahnsteig vom Sachsendamm, die Rolltreppen als Ausführungen in späterer Zeit besonders ersichtlich gemacht werden."

### Zügige Planung zur Sicherung von Geldern der Arbeitsbeschaffung

**Vermerk der RBD Berlin vom 22. August 1931**

„Bei einer Besprechung in der Hauptverwaltung am 20. 8. 1931 wurde Herrn Dezernenten 52 von den Herren Direktoren Kraefft und Wechmann eröffnet, daß nach Mitteilung von Herrn Direktor Hammer der Reichsbahn im Winter u. U. Mittel für die Arbeitsbeschaffung zur Verfügung stehen werden. Im Berliner Bezirk würde dann die Elektrisierung der Wannseebahn durchgeführt werden können. Um für den Fall der Mittelzuteilung beschleunigt mit den Arbeiten beginnen zu können, muß der der Hauptverwaltung am 30. 1. 30 mit Bericht 52 T 87 Ebe Ws–1 vorgelegte Entwurf für die Elektrisierung der Wannseebahn nochmals überarbeitet und baureif gemacht werden … Der Umbauentwurf Abstellbahnhof Wannsee muß in betriebswirtschaftlicher Hinsicht geprüft werden … Der im Jahre 1929 aufgestellte Kostenanschlag muß dem gesunkenen Bauindex angepaßt und evt. berichtigt werden … Dr. Remy"

### Neue Fahrzeuge sind notwendig

**Schreiben der RBD Berlin, Dezernat 52, an die DRG-Hauptverwaltung vom September 1931**

„… Der Kostenanschlag schließt mit 22 000 000 RM ab … In diesem Betrage sind (zur) Beschaffung von 8½ Ganzzügen rund 6 000 000 RM enthalten. Für (den) elektrischen Betrieb sind insgesamt 16¼ Ganzzüge erforderlich. Die über die voraufgeführten, neu zu beschaffenden 8½ Ganzzüge hinaus notwendigen 7½ Ganzzüge beabsichtigen wir aus dem jetzigen Fahrzeugbestand zu entnehmen. 4¼ dieser Züge können wir jedoch für den Betrieb der Wannseebahn nur solange zur Verfügung stellen, als sie für den Stadt- und Ringbahnverkehr nicht benötigt werden."

Ergebnis der vergleichenden Wirtschaftlichkeitsberechnung bei Ersatz des Dampfbetriebes durch elektrischen Betrieb auf der Wannseebahn. Aufgestellt im Oktober 1931, Dr. Remy:

„Jährliche Kosten beim Dampfbetrieb insgesamt: 6 542 000 RM, … beim elektrischen Betrieb insgesamt: 4 883 000 RM …

Die geringere Mehreinnahme aus Anlaß des elektrischen Betriebes auf der Wannseebahn gegen die frühere Berechnung erklärt sich aus dem seit 1928 weiterhin eingetretenen Verkehrsrückgang, der auf der Wannseebahn 1930/1928 rund 10 % und im gesamten S-Bahnverkehr 1931/1930 bisher 9 % betrug.

... Aus der Elektrisierung wird eine Steigerung von 10 % letzteren Verkehrs erwartet (gegenüber 16 % bei der großen Elektrisierung) das sind jährlich 2 489 000 Fahrten. Dieser Mehrverkehr bedeutet eine Mehreinnahme von jährlich 2 489 000 x 8,83 km (durchschnittliche Reiselänge von nur auf der Wannseebahn ausgeführten Fahrten) x 1,93 Rpf/Pkm [Personenkilometer; Anmerk. d. Redaktion] (Einnahme für 1 Pkm auf der Wannseebahn ohne Verkehrssteuer) = **424 000 RM**.

Fahrtengewinn aus dem Bau des Bahnhofs Feldstraße durch die Erweiterung des Einflußgebietes (22 000 Einwohner x 85 Fahrten/Kopf gegenüber 103 im S-Bahnverkehr) = 1 870 000 [Fahrten; Anmerk. d. Red.]. 1 870 000 x 11,3 km (durchschnittliche Reiselänge einer auf der Wannseebahn angetretenen oder nach ihr ausgeführten Fahrt) x 1,93 Rpf/Pkm (Einnahme für 1 Pkm auf der Wannseebahn ohne Verkehrssteuer) = 408 000 RM. Hiervon ab die Betriebsausgaben für den Bahnhof Feldstraße mit 140 000 RM, bleibt Betriebsüberschuss **268 000 RM**.

Fahrtengewinn aus dem Bau des Kreuzungsbahnhofs Ebersstraße und des Bahnhofs Hauptstraße (3000 neu erfaßte Einwohner x 68 Fahrten/Kopf = 200 000, günstigere Lage des Bahnhofs Hauptstraße gegenüber dem alten Bahnhof Ebersstraße = 250 000, Umsteigeverkehr + 90 % gegenüber dem jetzigen über Groß Görschenstraße [Bahnhof Ausstellung brachte ein Mehr von + 181 %; Anmerkung der Redaktion] = – 2 970 000 ... , [Fahrtengewinn insgesamt 3 420 000; Anmerk. d. Redaktion].

3 420 000 x 12,02 km (durchschnittliche Reiselänge im gesamten S-Bahnverkehr) x 1,734 Rpf/Pkm (Einnahme für 1 Pkm ohne Verkehrssteuer im gesamten S-Bahnverkehr) = 713 000 RM. Hiervon ab die Betriebsausgaben für den Kreuzungsbahnhof Ebersstraße (der neue Bahnhof Hauptstraße erfordert keine Mehrausgabe, da auf ihn die Ausgaben des aufzuhebenden alten Ringbahnhofes Ebersstraße übergehen) – 283 000 RM. Verbleibt Betriebsüberschuss **430 000 RM**.

Zusammenstellung der Mehreinnahmen:

a) Steigerung aus Anlaß der Elektrisierung der Wannseebahn 424 000 RM,
b) Steigerung aus dem Bau des Bahnhofs Feldstraße 268 000 RM,
c) Steigerung aus dem Bau des Kreuzungsbahnhofs Ebersstraße und des Bahnhofs Hauptstraße 430 000 RM.

Mehreinnahmen insgesamt **1 122 000 RM**.

## Der Verkehr muß schneller werden

**Vermerk der RBD Berlin, Dezernat 52, vom 30. Oktober 1931**

„... Die Fahrzeiten müssen so sehr eingeschränkt werden, wie irgend möglich, so daß eine erhebliche Fahrzeitverbesserung zutage tritt. Diese Fahrzeitverbesserung soll unter Umständen erzielt werden, auch wenn nach dem Wunsche der Hauptverwaltung außer dem Kreuzungsbahnhof Ebersstraße und dem Bahnhof Feldstraße noch eine weitere Haltestelle ‚Zehlendorf Ost' eingelegt wird ..."

## Zügige Genehmigung ist anzustreben

**Vermerk der RBD Berlin, Dezernat 52, vom 6. November 1931**

„Die Hauptverwaltung (Herr Geheimrat Kraefft) ordnet fernmündlich an, daß die Entwürfe vom

a) Haltepunkt Innsbrucker Platz
b) Umsteigebahnhof Ebersstraße,
c) Haltepunkt Feldstraße,
d) Haltepunkt Zehlendorf Ost
e) Gütergleis Schlachtensee–Zehlendorf Mitte
f) Hochlegung des Gütergleises Schlachtensee–Wannsee zur Beseitigung des Überweges in km 17,350

sofort zur landespolizeilichen Begutachtung an den Polizeipräsidenten bezw. den Regierungspräsidenten abgesandt werden sollen ..."

## Arbeitsmarktwirksam und billig

**Schreiben der DRG-Hauptverwaltung an die RBD Berlin vom 25. November 1931**

„Der Verwaltungsrat hat ... am 23./24. November unserem Vorschlag auf Ausbau und Elektrisierung der Wannseebahn zugestimmt ...

Die Bauausführung ist so zu betreiben, daß im Interesse einer Entlastung des Arbeitsmarktes in Kürze mit den Arbeiten auf der Strecke und in den Werkstätten begonnen werden kann. Keinesfalls dürfen die Arbeiten aber so beschleunigt werden, daß die Erzielung vorteilhafter Preise verhindert wird. Bei der Aufstellung des Bauprogrammes, um dessen Mitteilung wir ersuchen, ist darauf zu achten, daß in erster Linie solche Arbeiten frühzeitig begonnen werden, deren Ausführung baldigst Vorteile für Betrieb und Verkehr erwarten läßt. Der Bau des Gütergleises Schlachtensee – Zehlendorf Mitte ist dabei zunächst noch zurückzustellen, jedoch wird die Unterführung der Ziethenstraße zwischen Schlachtensee und Zehlendorf West in voller Länge – also auch für das spätere Gütergleis – hergestellt werden können ...

Deutsche Reichsbahn-Gesellschaft,
Hauptverwaltung
Der Generaldirektor Dorpmüller"

## Zulassung elektrischer Züge auf Fernbahngleisen

**Der Reichsverkehrsminister an die DRG-Hauptverwaltung, Schreiben vom 27. November 1931**

„Auf das Schreiben vom 8. November 1931. Die Genehmigung zur Elektrisierung der Wannseebahn in dem in Ihrem oben genannten Schreiben bezeichneten Umfang wird dem Grundsatz nach erteilt.

Ebenso genehmige ich, daß für die Zwecke des Vorortverkehrs auf dem Streckenabschnitt Berlin-Zehlendorf Mitte–Berlin Potsdamer Bahnhof auf den Potsdamer Ferngleisen der elektrische Betrieb eingeführt wird. Da es sich bei der vorgesehenen Elektrisierung um eine Erweiterung der Elektrisierung der Berliner Nahbahnen handelt, will ich hier ebenfalls von der Anwendung der, Bedingungen des Reiches für die Genehmigung elektrischer Zugförderung absehen. Es muß jedoch gefordert werden, daß die vorhandenen Gleisverbindungen zwischen Wannseebahn und dem übrigen Bahnnetz sowie die Ladeleistungsfähigkeit der wenigen eigentlichen Wannseebahn-Bahnhöfe erhalten bleibt. Ich bitte mir dies zu bestätigen ... gez. Treviranus"

## Zugschluß- und Zugspitzensignale

**Schreiben des Reichsverkehrsministers an die DRG-Hauptverwaltung vom 6. Februar 1932**

„... Auch bitte ich noch um Mitteilung, ob hinsichtlich der Signalisierung des Zugschlusses bei Tage und der Kennzeichnung der Spitze des Zuges während der Dunkelheit bei den elektrisch betriebenen Zügen der Wannseebahn eine von der SO [Signalordnung; Anmerk. der Red.] abweichende Regelung beabsichtigt ist. Eine Entscheidung in dieser Angelegenheit könnte ich, besonders im Hinblick darauf, daß auf der Fernbahnstrecke demnächst Fernzüge, Dampfvorortzüge und elektrisch betriebene Züge gleichzeitig verkehren, erst nach Eingang Ihrer Stellungnahme ... treffen."

## Weg mit den Kiosken ...

**Schreiben des Vorstands des Reichsbahnbetriebsamts 7 an die RBD Berlin vom 29. Januar 1932**

„... Sehr zu begrüßen ist, daß die Wirtschaftsräume auf den Bahnsteigen verschwinden. Diese Räume haben sich des öfteren unangenehm bemerkbar gemacht und haben verschiedentlich zu schärferem Vorgehen Veranlassung gegeben. Grundsätzlich ist davon auszugehen, daß die Reisenden Erfrischungen außerhalb der Räume im Stehen einzunehmen haben ..."

Das Betriebsamt fordert in dem Schreiben die Beseitigung bzw. den Ersatz von zahlreichen Bahnsteigaufbauten auf allen Bahnhöfen (z. B. Großgörschenstraße: „Der Warteraum und der Dienstraum sind baufällig und können nicht mehr verschoben werden. Kosten: 14000 RM"). Insgesamt entstünden dadurch schätzungsweise zusätzliche Kosten in Höhe von 136000 RM.

## Massive Gebäude sollen nicht erneuert werden

**Das Dezernat 42 der RBD Berlin entscheidet in einem Vermerk vom 11. Februar 1932**

„Die vom BA 7 vorgeschlagene Erneuerung der vorhandenen massiven Gebäude (Aborte, Aufenthaltsräume usw.) kommt nicht in Frage."

So sollen statt der 136000 RM Kosten nur 66000 RM ausgegeben werden. Sofern ein Ersatz für Zeitungs- und Erfrischungsstände vorgesehen ist, sollen die Pächter diese Kosten für den Neubau selber tragen und über Kündigungen der Pachtverträge quasi dazu gezwungen werden.

## Nun also doch Kioske

**Das Dezernat 42 besinnt sich eines besseren; Vermerk vom 6. August 1932**

„... Die Kosten für den Bau der neuen Buden für die Zeitungsstände und Erfrischungshallen werden von der Reichsbahn übernommen. Bei der Aufstellung der neuen Pachtverträge ist hierauf Rücksicht zu nehmen. Wegen Kündigung der alten und Abschluß der neuen Pachtverträge ist bei Herrn Dez 12 das Weitere veranlaßt."

*„... haben sich des öfteren unangenehm bemerkbar gemacht und zu schärferem Vorgehen Veranlassung gegeben." Foto (1986): M. Lange*

### Bauliche Ergänzungen an Bahnsteigen und Bahnanlagen

**DRG-Hauptverwaltung an die RBD Berlin am 25. April 1932**

„... Ferner sind die im Bericht der Reichsbahndirektion ... im Zusammenhange mit der in Aussicht genommenen Verstärkung der Bankierzüge vorgeschlagene Bauausführungen (Verlängerungen der Bahnsteige, Herstellung einer Kehranlage im Bahnhof Ebersstraße) aufzunehmen. Wir bemerken jedoch ausdrücklich, daß wir uns die Entscheidung über die Ausführung dieser Arbeiten noch vorbehalten ..."

### Berlin hat Wünsche

**Vermerk der DRG-Hauptverwaltung vom 22. April 1932**

„Aus Anlaß des Aufbaues und der Elektrisierung der Wannseebahn beabsichtigt die Stadt Berlin gewisse Veränderungen und Verbesserungen an Straßenanlagen und Brücken vorzunehmen. Es handelt sich um folgende Bauten:

1. Erneuerung und gleichzeitige Verbreiterung nebst Verlängerung der Feldstraßenbrücke **820000 RM,**
2. Erweiterung der Unterführung der Potsdamer Chaussee südwestlich von Zehlendorf **800000 RM,**
3. Herstellung der Sundgauerstraßenbrücke am Haltepunkt Zehlendorf Ost 450000 RM
4. Verlängerung der Nibelungenstraße in Wannsee **30000 RM,**

   Zusammen **2100000 RM.**

Die Ausführung dieser Bauten im Zusammenhange mit den Bauarbeiten der Reichsbahn für den Ausbau und die Elektrisierung der Wannseebahn ist vom Standpunkte der Reichsbahn dringend erwünscht, da sie dieser wesentlichen Verbesserungen und Vorteile betrieblicher Art bringt, ihr eine Verbilligung der eigenen Bauarbeiten ermöglicht ... Die Stadt Berlin ist nun zur Zeit nicht in der Lage, die oben unter 1. bis 4. genannten Arbeiten zu finanzieren. Sie hat deshalb der Reichsbahndirektion Berlin folgenden Vorschlag gemacht:

Die Stadt Berlin hat der Reichsbahn gelegentlich Verlängerung und Elektrisierung der S-Bahn nach Mahlsdorf ein Darlehen von 2215000 RM gewährt (Verzinsung vom Tage der Betriebseröffnung – 15. Dezember 1930 – ab auf 5 Jahre jährlich 5 % des ungetilgten Darlehensrestes, vom Beginn des 6. Betriebsjahres ab jährlich 6 % Tilgung, vom Ende des 5. Betriebsjahres ab in 6 Jahresraten. Die Stadt Berlin schlug nun vor, ihr dieses Darlehen in den Jahren 1932, 33 und 34 vorzeitig ratenweise zurückzuzahlen, um ihr dadurch die Finanzierung der obengenannten Arbeiten zu ermöglichen ...

Die Rbd Berlin erklärt sich jedoch bereit, bis 31. März 1933 rund 900000 RM ratenweise zurückzuzahlen. Weitere Raten sind von der Entwicklung der Finanzlage der Rbd abhängig. Die Hauptverwaltung gibt ihr Einverständnis, daß die Rbd Berlin mit der Stadt Berlin weiter verhandelt und stellt dafür aber die Unterführung der Zietenstraße in Schlachtensee sofort zurück. Die daraus resultierenden 500000 RM sollen in den Bau ‚Feldstraße' fließen. Weitere Mittel sollen dadurch frei werden, daß nur tatsächlich für den laufenden Betrieb benötigte Neben- und Kehrgleise elektrisiert werden und auf altbrauchbares Material zurückgegriffen wird ...

Gegenüberstellung des vorläufigen Kostenanschlags mit dem endgültigen Kostenanschlag

| | | |
|---|---|---|
| **Bahnhofs- und Streckenanlagen** | | |
| vorläufiger Anschlag | 9275000 | |
| endgültiger Anschlag | 8900000 | **-375000** |
| **Fernmelde- und Sicherungsanlagen** | | |
| vorläufiger Anschlag | 1192000 | |
| endgültiger Anschlag | 1192000 | |
| **Stromverteilungsanlagen** | | |
| vorläufiger Anschlag | 4555000 | |
| endgültiger Anschlag | 4200000 | **-355000** |
| **Fahrzeuge** | | |
| vorläufiger Anschlag | 9100000 | |
| endgültiger Anschlag | 9100000 | |
| **Gesamtkosten einschließlich allgemeiner Unkosten** | | |
| vorläufiger Anschlag | 26000000 | |
| endgültiger Anschlag | 25166000 | **-834000** |

..."

### Es wird noch billiger

**Vermerk der RBD Berlin, Dezernat 52, vom 3. November 1932**

„Die Hauptverwaltung hat am 3. d. M. an die Reichsbahndirektion Berlin, durch Vermittlung des Herrn Dezernenten 42, die Weisung ergehen lassen, einen abgeänderten Kostenanschlag (gegenüber dem Kostenanschlag vom Juni 1932 ...) aufzustellen mit dem Endziel, daß die Endsumme um rund 10 % gesenkt wird. Demgemäß entfallen bei dem neu aufzustellenden Kostenanschlag folgende Beträge auf die einzelnen Kostenunteranschläge:

**Bahnhofs- und Streckenanlage**
8010000 RM

**Schutzmaßnahmen für die Sicherungsanlagen**
1072800 RM

**Stromverteilungsanlagen**
3780000 RM

**Fahrzeugbeschaffung und –änderung**
8190000 RM

**Zusammen** 21052800 RM ..."

## Runter mit den Fahrzeugpreisen

**Schreiben des Reichsbahn-Zentralamts für Einkauf an die RBD Berlin vom 12. November 1932**

„Im Februar 1932 hatten wir die voraussichtlichen Ausgaben für die 51 Triebwagen und die 51 Beiwagen für die Wannseebahn zu insgesamt 7905000 RM ermittelt, von denen 5202000 RM auf die Triebwagen und 2703000 RM auf die Beiwagen entfallen. Nach unseren neuesten Ermittlungen wird dieser Betrag nicht überschritten werden, wir glauben sogar, noch unter dieser Summe bleiben zu können. In jedem Falle kann der Betrag 9040000 RM des Kostenanschlags für die Beschaffung von 51 Zugeinheiten auf 8000000 RM gesenkt werden …"

## Billiger wurde es nicht …

Das Dezernat 25 der RBD Berlin stellt am 9. 11. 1932 fest, daß sich die Forderung für den Bereich der Strom- und Umformeranlagen nicht realisieren läßt. Lediglich 8,4 % können nochmals eingespart werden (neue Summe: 3847000 RM). Mit den bereits durchgeführten Kostensenkungen vergangener Jahre werde bereits eine Einsparung von 15,5 % erreicht.

Am 12. 12. 1932 teilt die Rbd Berlin, Dezernat 52, der Hauptverwaltung mit, daß die eingeforderten 10 % erreicht werden. Jetzt kostet die Elektrisierung der Wannseebahn 22,725 Mio. RM und die Hauptverwaltung der Deutschen Reichsbahn-Gesellschaft stimmt den Gesamtkosten am 10. Januar 1933 zu.

# Wannseebahn elektrisch

**Beginn des Probe-Verkehrs mit den neuen Zügen**

In der Nacht zum 15. Mai wird der Dampfbetrieb der Wannseebahn auf den elektrischen Betrieb umgestellt werden. Zur Vorbereitung des elektrischen Betriebes findet bereits jetzt auf der Wannseebahn ein Probeverkehr der neuen elektrischen Züge statt. Soweit es der Verkehr erlaubt, werden diese Probefahrten am Tage, sonst aber in der Hauptsache nachts nach Betriebsschluß durchgeführt. Sie gelten der Ueberprüfung der neuen Wagentypen und der Schulung des Personals mit den technischen Einrichtungen der elektrisierten Strecke.

Der größte Teil des aus 51 Einheiten bestehenden neuen Wagenparks der Wannseebahnstrecke ist bereits angeliefert worden. Aeußerlich unterscheiden sich die Wagen kaum von denen der S-Bahn. In ihrer Inneneinrichtung weisen sie aber verschiedene Verbesserungen und Neuerungen auf, vor allem eine vorteilhaftere Lüftung. Die Fenster können tiefer herabgelassen werden.

Gleichzeitig mit der Eröffnung des elektrischen Betriebes wird am 15. Mai auch der neue Bahnhof Feuerbachtraße in Steglitz eröffnet werden. Später soll dann zwischen Lichterfelde und Zehlendorf der Bahnhof Sundgaustraße in Betrieb genommen werden.

*Der neue Wannseebahnhof in Steglitz, Feuerbach-, frühere Feldstraße, ist in seiner äußeren Form fertiggestellt*

*Meldung in der Berliner Morgenpost vom 5. Mai 1933. Archiv S-Bahn-Museum*

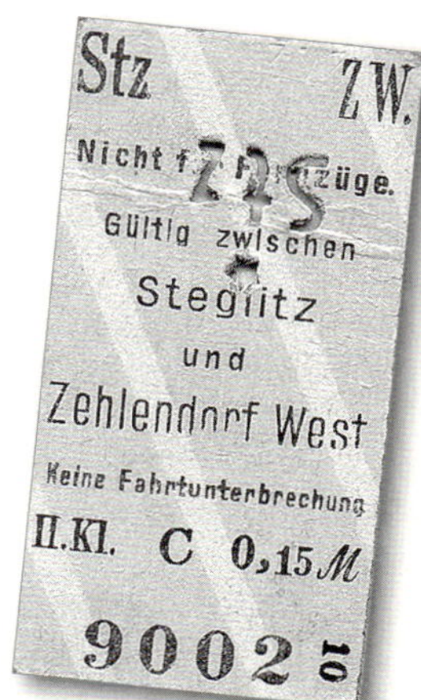


*Fahrkarte aus der Zeit vor der Elektrisierung der Wannseebahn. Archiv M. Müller*

# 3. Innovation und Niedergang

## 3.1 Der S-Bahnverkehr von 1933 bis 1945

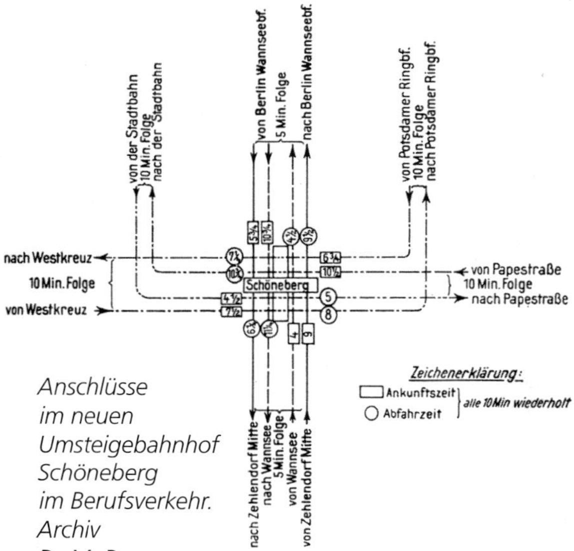


*Anschlüsse im neuen Umsteigebahnhof Schöneberg im Berufsverkehr. Archiv Dr. M. Braun*

### Die neue Strecke erhielt den modernsten Oberbau

Auf dem Streckenstück von Berlin stadtauswärts bis Zehlendorf waren alle vier Gleise mit Stromschienen in neuer Bauart nach dem Deutschen Reichspatent 565 331 ausgestattet worden. Dadurch wurde der Erweiterung des Lichtraumprofils vom Oktober 1928 Rechnung getragen. Die Stromschienen waren parallelgeschaltet und wurden von drei leistungsfähigen Unterwerken gespeist. Das hier überdurchschnittliche Energieangebot ermöglichte es, Geschwindigkeiten geringfügig jenseits der sonst üblichen 80 km/h zu erreichen. Aufgrund des weiten Stationsabstandes konnte die Höchstgeschwindigkeit sich hier überdies wesentlich stärker auf die Reisezeit auswirken als das gewöhnlich der Fall war. Die Laufruhe der neuen Wagen auf den Wannseebahngleisen mit 60-Meter-Schienen, dem damals „modernsten Oberbau Deutschlands", darf als exzellent bezeichnet werden.

Die längst überfällig gewesene Elektrifizierung der Wannseebahn zahlte sich allemal aus. Mit gutem Grund eroberte sie ihren Ruf als technisch fortschrittlichste Vorortstrecke Berlins zurück.

### Die neuen Züge der Bauart Wannseebahn

Für den elektrischen Betrieb auf der Wannseebahn wurden zunächst insgesamt 51 Viertelzüge, bestehend aus einem Trieb- und einem Beiwagen, neu gebaut, davon waren zwei Versuchsviertelzüge. Die 49 Viertelzüge der Serienauslieferung entsprachen weitgehend den von 1927 bis 1931 gelieferten Zügen der Bauart Stadtbahn. In der äußeren Farbgebung: „ochsenblutrot" (weinrot) und „ockergelb" (stadtbahngelb) die 3. Klasse, weinrot und stadtbahnblaugrün die Bereiche der 2. Klasse. Während die Triebwagen nur die 3. Klasse führten, waren die Beiwagen in 2. und 3. Klasse aufgeteilt (1946 wurde diese Klassenaufteilung bei der Berliner S-Bahn abgeschafft).

Neben geringfügigen Änderungen bei der Innenraumaufteilung waren technische Verbesserungen gegenüber der Bauart Stadtbahn zu verzeichnen. Das elektropneumatische Schaltwerk wurde durch ein rein elektrisches ersetzt. Die Fahrsperre war ebenfalls eine Weiterentwicklung. Augenfälliges Unterscheidungsmerkmal der Fahrzeuge der Bauart Wannseebahn war deren glatte „Haut". Die Außenbeblechung wurde nicht mehr durch Halbrundniete zusammengehalten wie bei der Bauart Stadtbahn, sondern man wendete die wesentlich materialsparendere Schweißtechnik an. Niete – jetzt Senkniete – verbanden nur noch den außenliegenden Gurt mit den dahinterliegenden Blechen.

Die Wannseebahnwagen waren im S-Bahn-Betriebswerk Wannsee stationiert und wurden sowohl auf der Wannseebahn als auch im Bankierzugverkehr eingesetzt, bis sie dort durch neue Züge der Bauart Bankier ersetzt wurden.

### Die Wannseebahn-Versuchszüge

Die beiden Versuchsviertelzüge wiesen weitere Neuerungen auf: Die Oberkanten der beiden äußeren Führerstand-Frontfenster verliefen nicht mehr von der Dachmitte zu den Außenseiten hin schräg, sondern waagerecht. Die Seitenfenster der Führerstände und die Türfenster waren größer als bei der Serienauslieferung und reichten bis zum Mittelgurtband, was angenehm zur Beruhigung der Seitenansicht beitrug.

*Fortsetzung auf Seite 79*

**Züge der Bauart Wannseebahn um 1962**
*Verschweißte Bleche statt Halbrundniete – das gab den Zügen der Bauart Wannsee eine glatte Außenhaut ohne hervorstehende Nietköpfe.*
*Fotos: Willy Thomaske/Historische S-Bahn (oben) und Archiv S. Hilkenbach*

**Der Wannseebahn-Versuchstriebwagen – Bauart 1932 a**
*C4 esT–32a Bln 3769 fährt noch heute als 275 959-5 im Museumsbetrieb – und manchmal sogar über die Wannseebahn*

*Alle „Wannseebahner" erhielten erstmals den schwarz-rot-schwarzen Obergurt über den Fenstern. Mitte 1943 wurde diese Verzierung „entfeinert" – Ende der 50er Jahre kehrte sie an alle S-Bahnzüge zurück. Die Versuchstriebwagen 3768 und 3769 (im Bild) besaßen bei Anlieferung 1933 den hellen Zierstreifen auf dem Mittelgurt, der aber bis 1936 wieder fortfiel. Werkfoto O&K, Sammlung P. Bley*

# Vom Versuchszug zum „Wannseebahner"

Von Dr. Michael Braun

## 1922

### Die Versuchszüge

Die konstruktive Entwicklung der S-Bahnfahrzeuge ist gekennzeichnet durch zwei unterschiedlich lange Etappen: In der ersten, kürzeren Versuchs- und Erprobungsphase wurden für den elektrischen Betrieb auf den sogenannten Nordstrecken – das war das vom Stettiner Vorortbahnhof ausgehende Streckenbündel nach Bernau, Oranienburg und Velten – zunächst einmal Fahrzeugeinheiten produziert, die aus je zwei langen, schweren Triebwagen und drei zwischengestellten, wesentlich kürzeren Beiwagen bestanden. Sie waren dem Vorbild der Dampfbahn entlehnt und wurden als Versuchszüge „A" bis „F" bezeichnet.

## 1924

### Die „Bernauer" (Bauart 1924)

Wie sich bald herausstellte, waren die sechs Versuchszüge für einen Werkstatt-Reparaturzyklus denkbar ungeeignet. Schon allein deshalb war hier dringend Nachbesserung geboten. Den objektiv mangelhaften Wagenformationen folgten bald 17 ähnlich beschaffene Züge der Bauart Bernau. Derartiges Rollmaterial traf man ab 1925 auf der elektrischen Strecke nach Bernau an, die am 8. August 1924 eröffnet worden war – der Geburtsstunde der S-Bahn in Berlin schlechthin. Es blieb einem Fachmann Jahre später vorbehalten zu formulieren, daß auch die Bauart Bernau „schon bei ihrer Auslieferung technisch überholt" war.

## 1925–1932

Der „Oranienburger"

### „Oranienburger" (Bauart 1925), „Stadtbahner" (Bauarten 1927–30) und „Wannseebahner" (Bauart 1932)

Durch diese Erfahrungen hat man, wie bei der U-Bahn, auf Triebwageneinheiten aus zwei gleichlangen Fahrzeugen gesetzt, mit gleich großen Rädern und einheitlicher Innenausstattung, unterschieden in Triebwagen und antriebslose Steuer- sowie später Beiwagen. Das Ergebnis, die Bauart Oranienburg, stand seit 1926 in Betrieb, also zwei Jahre nach den ersten elektrischen Versuchen.

Ihr noch hohes Fahrzeuggewicht stellte einen Kompromiß dar zwischen dem damaligen Stand der Technik und dem Wunsch nach unbedingter Sicherheit im Bahnbetrieb. Einige noch deutlich überdimensionierte Stahlteile sind später angepaßt worden. Damit wurde 1927 die Bauart „Stadtbahn" geschaffen. Die damalige Grundkonzeption und die Fahrzeugsilhouette jedoch waren nahezu unverändert geblieben. Auch die Züge der Bauart Wannsee wichen davon kaum ab.

Fotos: Archive GVE, P. Bock und S. Hilkenbach

## *Die „Wannseebahner" – Bauart 1932*

*49 Trieb- und 49 Beiwagen dieser Art wurden für die Wannseebahn beschafft. In den Hauptabmessungen entsprachen sie der Vorgängerbauart Stadtbahn. Zeichnungen: Archiv Historische S-Bahn*

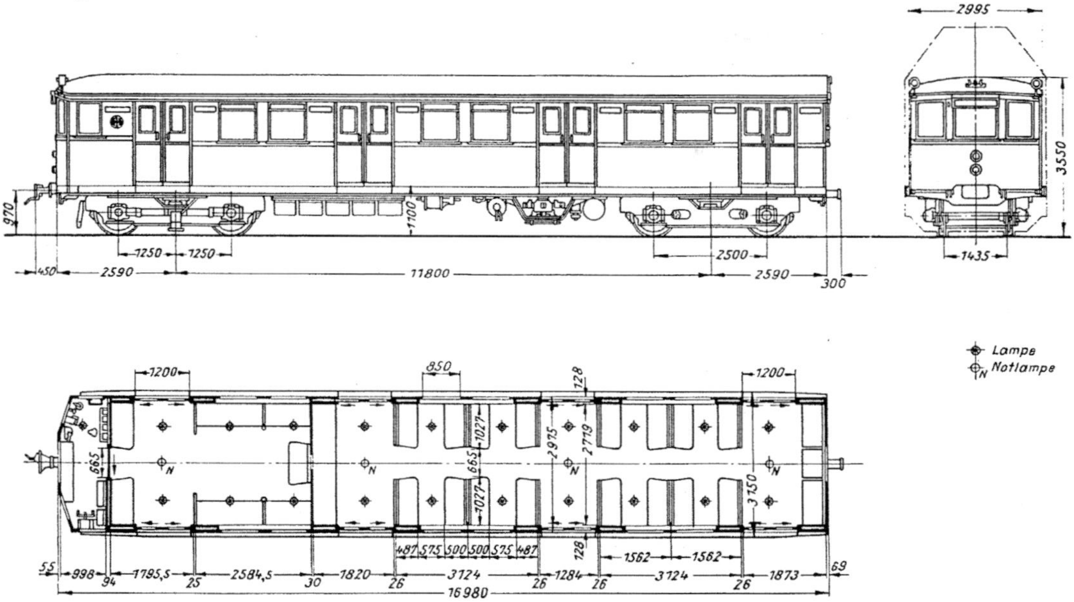


*Sitzteilung 2+2*
*Sitzplätze 58*
*Eigengewicht: 39,8 t*

*Nr. 3745 - 3767*
*Nr. 3770 - 3795*

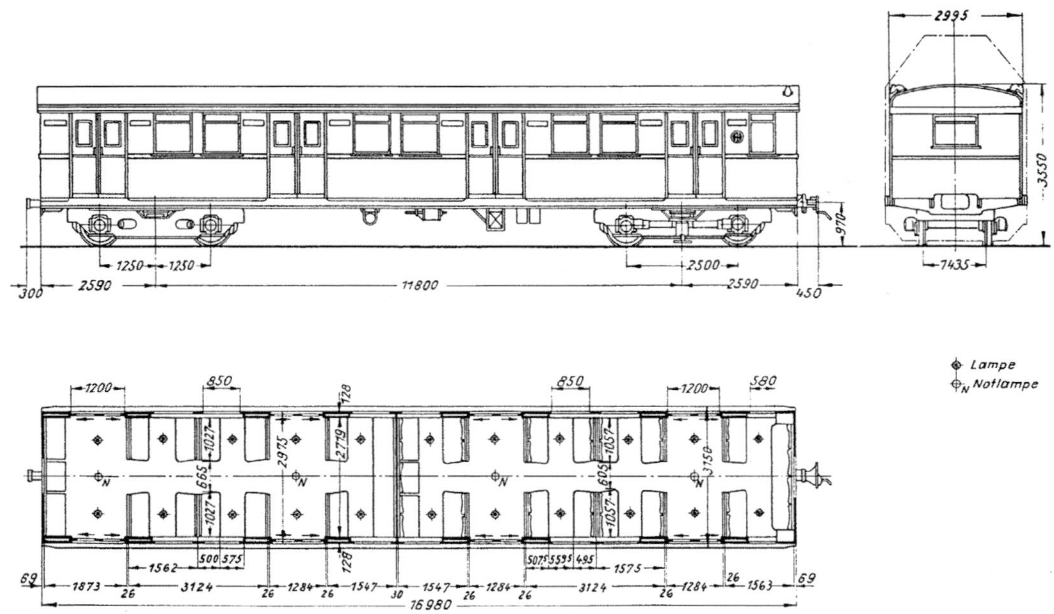


*Sitzteilung 2+2*
*Sitzplätze 2.Kl.33 - 3.Kl.30*
*Eigengewicht: 27,7 t*

*Nr. 6255 - 6303*

# „Geschweißte Niete"
## Die Wannseebahner und die „Nietenzähler"

Von Dr. Michael Braun, Mathias Hiller und Dieter Kaddoura

Als die Reichsbahn ihre Wannseebahn dereinst elektrifizierte, da hatte sie sich entschieden, die alten Personenzugwagen aus der Zeit vor der Jahrhundertwende auszusondern und meistbietend an Laubenpieper und andere Interessenten zu verkaufen. Zeit wurde es ja, doch für das Wachstum des elektrischen S-Bahnverkehrs im Frühjahr 1933 war der Triebwagenpark schon nicht mehr ausreichend. Nur 14 der für den zusätzlichen elektrischen Verkehr nach Wannsee erforderlichen 65 Zugeinheiten waren verfügbar, den Rest mußte sie neu beschaffen.

Die Waggonindustrie nahm dies damals zum Anlaß, technische Neuerungen im Triebwagenbau in die Praxis umzusetzen. Die Zeit war reif, neue Fertigungsmethoden, die aus der allgemeinen Modernisierung folgten, anzuwenden. Dabei hat man sich offenbar an die äußere Form der S-Bahnwagen noch nicht herangetraut. Die 51 neuen S-Bahnviertelzüge der Bauart Wannsee kamen fast wie gewohnt daher: mit Ecken, Kanten und mit Oberwagenlaternen.

Ein Unterscheidungsmerkmal aber war nicht zu übersehen: Die glatten Außenflächen der neuen Wagen, ohne die hervorstehenden Köpfe der vielen Halbrundniete, mit denen die Wagen der Bauart Stadtbahn noch hatten aufwarten können. Damals höchst ungewöhnlich – ungenieteter Stahl war zu jener Zeit ein Novum – gab es jetzt wirtschaftlichere Methoden, um Metallteile zu verbinden. Ästhetischer erschien das „pickelfreie" Antlitz der neuen Züge allemal, mit den „Wannseebahnern" begannen die Züge der Berliner S-Bahn die Kinderstube zu verlassen. Übrigens: Die Wagenwäscher, die es damals noch gab, freuten sich, weil der Bremsstaub nun nicht mehr an Tausenden von Nietköpfen hängen bleiben konnte. Man hatte bislang ohnehin „ausreichend Trödel bei der Kundschaft" mit dem oft noch unsauberen äußeren Erscheinungsbild der Wagen. Die Waschanlagentechnik steckte damals in den Kinderschuhen.

Wie aber waren die Blechteile denn nun tatsächlich befestigt – etwa geklebt? Man kann ohne Übertreibung sagen, daß diese Frage unter „sachverständigen" S-Bahn-Fans für Legenden gesorgt hat – wie selten eine andere, und zwar jahrzehntelang! Es muß wohl die geradezu ikonenhafte Verehrung des Niets schlechthin sein, oder das Unvermögen, sich andere als genietete Eisenbahnwagen vorstellen zu wollen: Durch die Fachbücher geistert sie bis heute, die Mythe der „versenkten Niete". „Versenkt genietet" heißt es unkorrekt, „gesenkt genietet" sollte es – wenn schon denn schon – heißen. Die Rede ist hier von Senknieten, deren Köpfe nicht halbrund hervorstehen – wie bei den Wagen der Bauart Stadtbahn – sondern flach und völlig in nach außen hin kegelig erweiterte Bohrungen eingelassen sind. In die dünne Blechverkleidung der „Wannseebahner"? Niete, Senkniete? Man sieht sie nicht, aber da sind sie doch. Noch Fragen?

Was nun die reizvolle Glätte der Blechhaut bei den „Wannseebahnern" anbetrifft, so ist die Erkenntnis ebenso nüchtern wie hart: Die „Befestigung der äußeren Bekleidungsbleche (erfolgt) durch Schweißung" heißt es trocken, aber ohne jeden Zweifel in den ultimativ verläßlichen Unterlagen der Reichsbahn*). Ein Blick ins Buch hätte genügt, um darüber Bescheid zu wissen. Oder man hätte beizeiten die Leute aus dem Schöneweider Ausbesserungswerk fragen können. Dort nämlich hat man die Wagen in regelmäßigen Abständen komplett auseinander gepolkt, und dabei dürfte dann kein noch so winziger Niet verborgen geblieben sein. Oder?

Zum Schluß noch ein Trostpflaster für all jene, denen es an Nieten nicht mangeln darf: Die „Wannseebahner" sind auch nicht ganz ohne. Auch sie haben welche, allerdings dort, wo man seltener geneigt ist, genau hinzuschauen: nämlich am Unterbau und vor allem an den Drehgestellen. Und dort ist, und zwar aus gutem Grunde, überhaupt nichts „versenkt".

Und um die Taille fest einzuschnüren – damit das Blechkleid nicht herunterrutscht –, hat man es hinterrücks an den Gurt genietet. Vorn mit Senknieten, die natürlich nicht sichtbar sind, und hinten – da guckt sowieso keiner hin. Diese Art, das Gewand festzuhalten, gab's sogar noch bei den edlen Rundköpfen ...

**Merke:** Die richtigen „Stadtbahner" werden geliebt – ihrer Niete wegen – die Züge der Bauart Wannseebahn eher nicht. Wieso eigentlich?

*) Deutsche Reichsbahn-Gesellschaft, Reichsbahndirektion Berlin: Beschreibung der Sondereinrichtungen und Bauartunterschiede der Triebwagenzüge Lieferung 1932 (Wannseebahn), gültig ab 1. April 1933, Seite 5

## Der Wannseebahn-Versuchszug – Bauart 1932a

*2 Trieb- und 2 Beiwagen dieser Art wurden für die Wannseebahn beschafft.*
*Zeichnungen: Archiv Historische S-Bahn*

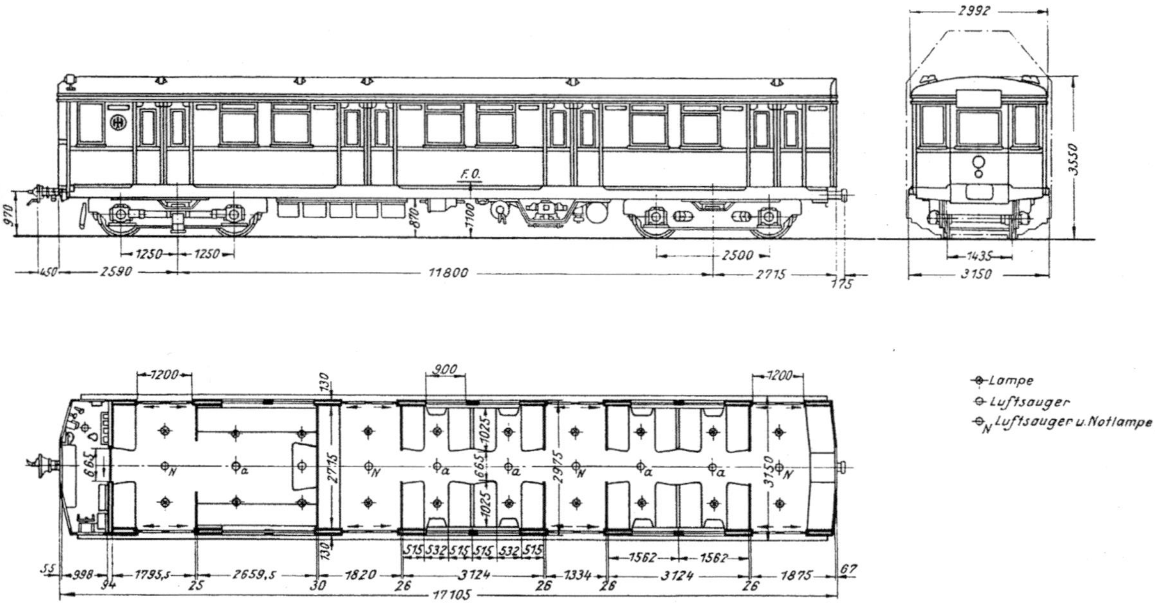


Sitzteilung 2+2
Sitzplätze 58
Eigengewicht: 39,8 t

Nr. 3768-3769
3768 mit Luftsauger „a"
3769 ohne „ „a"

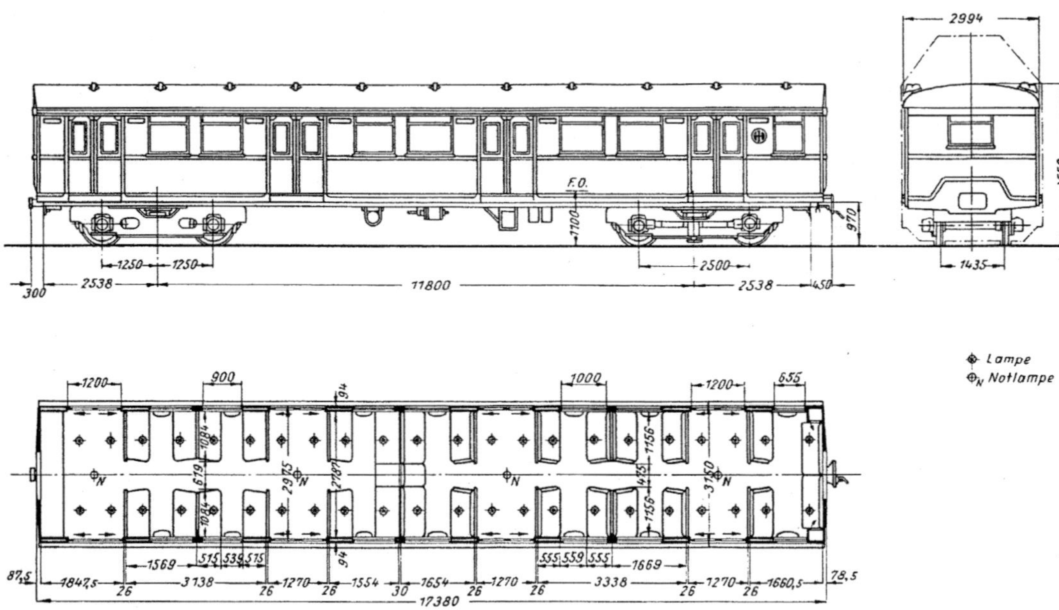


Sitzteilung 2+2
Sitzplätze 2Kl. 33 - 3Kl. 30
Eigengewicht: 27,4 t

Nr. 6304-6305
Nr. 6304 mit Armlehnen an Gangseite (2.Kl.)
Nr. 6305 ohne „ „ „ „

## Bahnhof Zehlendorf, 1981

Die Brücke für die Bankierzüge über die Stammbahn

Foto: U. Dittfurth, Archiv S-Bahn-Museum

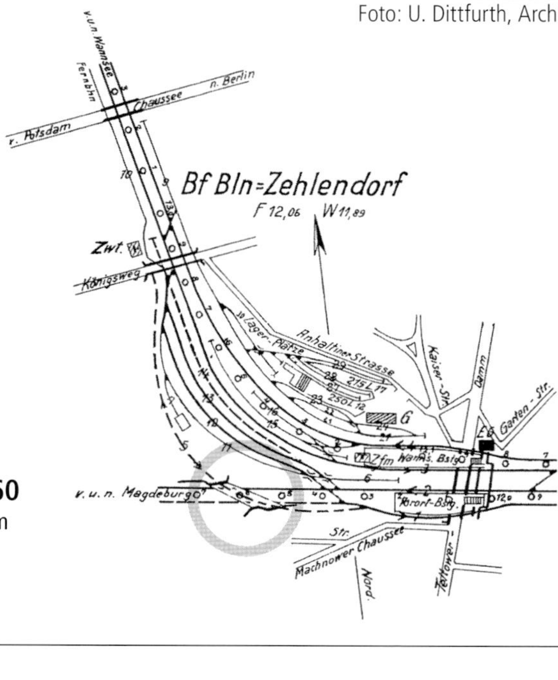


**Gleisplan um 1960**
Archiv S-Bahn-Museum

*Fortsetzung von Seite 72*

Außerdem hatten die Wagen Wendlerlüfter auf dem Dach, einen etwas längeren Wagenkasten und eine veränderte Innenausstattung. Die Verlängerung der Wagenkästen nach dem Kurzkuppelende hin schuf wertvollen Raum für erwünschten Komfortzuwachs der Zweite-Klasse-Abteile.

## Die Bankierzüge

Im Mai 1935 stellte die Deutsche Reichsbahn einen neuen S-Bahnzug vor, der sich schon rein äußerlich von den bisherigen S-Bahnwagen unterschied. Auffällig waren die runde Kopfform und die schräggestellten Stirnfenster. Der Zug, vorgesehen für den Bankierverkehr zwischen Berlin Potsdamer Fernbahnhof und Berlin-Wannsee, war für Geschwindigkeiten bis 120 km/h geeignet. Zwischen Berlin Potsdamer Fernbahnhof und Berlin-Zehlendorf benutzte er die Ferngleise der parallelen Stammbahn. Hier löste er ab 1936, nach Auslieferung weiterer zehn Viertelzüge, der ersten Serienbankierzüge, die Wannseebahnwagen ab, die nur Höchstgeschwindigkeiten von 80 km/h erreichten.

Bis Ende 1938 wurden insgesamt 18 Viertelzüge des neuen Typs für 120 km/h in Dienst gestellt. Die Züge auf den Wannseegleisen dagegen fuhren in Berlin wie zu Zeiten des Dampfbetriebs zunächst zum oder vom Wannseebahnhof am Potsdamer Platz.

## Das Zugangebot ab 1939

Im Herbst 1939 war die Nordsüd-S-Bahn fertiggestellt. Die feierliche Eröffnung der S-Bahnstrecke von Potsdamer Platz über Anhalter Bahnhof und den neu errichteten Bahnhof Großgörschenstraße bis Schöneberg fand am 8. Oktober 1939 statt – nur wenige Wochen nach Beginn des Zweiten Weltkriegs. Die Wannseebahnzüge fuhren ab 9. Oktober 1939 fahrplanmäßig von und bis Oranienburg.

Interessanterweise dauerte damals die Fahrt von Wannsee nach Oranienburg laut Fahrplan vom Oktober 1941 mit 1 Stunde 23 Minuten nur eine Minute länger als mit moderneren Zügen im Jahr 2003. Damals endeten die Verstärkerzüge – und damit der 10-Minuten-Takt – im Norden in der Regel in Birkenwerder statt wie heute in Frohnau. Im Süden verkehrten Einsatzzüge an den Werktagen (montags bis sonnabends).

Daneben boten die neuen Bankierzüge außer ihrer Schnelligkeit zwischen Berlin Potsdamer Fernbahnhof und Zehlendorf auch ein qualitativ beachtliches Zusatzangebot auf dem äußeren Streckenabschnitt zwischen Zehlendorf und Wannsee – insbesondere durch die komfortable Innenausstattung: größere Fenster, übersichtlicher Innenraum, bessere Beleuchtung, Belüftung sowie in der mahagonigetäfelten zweiten Wagenklasse sehr viel weicher gefederte Plüschpolstersitze, als es die Vorgängerbauarten besaßen.

***Der Bankier-Probezug, Bauart 1934***

*Der erste der beiden Probezüge im S-Bahn-Betriebswerk Wannsee; er fuhr ab 1935 im Probebetrieb, ab 1936 war er fahrplanmäßig im Bankierzugverkehr unterwegs. Zwei helle Streifen – hier noch je einer auf dem Mittelgurt und einer auf dem Schrammbord – signalisierten Schnelligkeit. Foto: Archiv Historische S-Bahn*

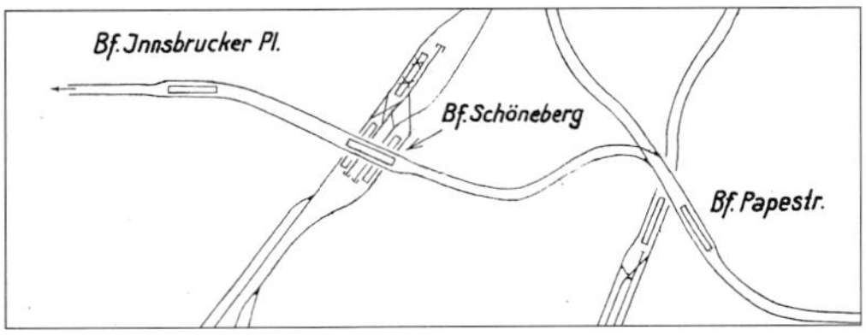


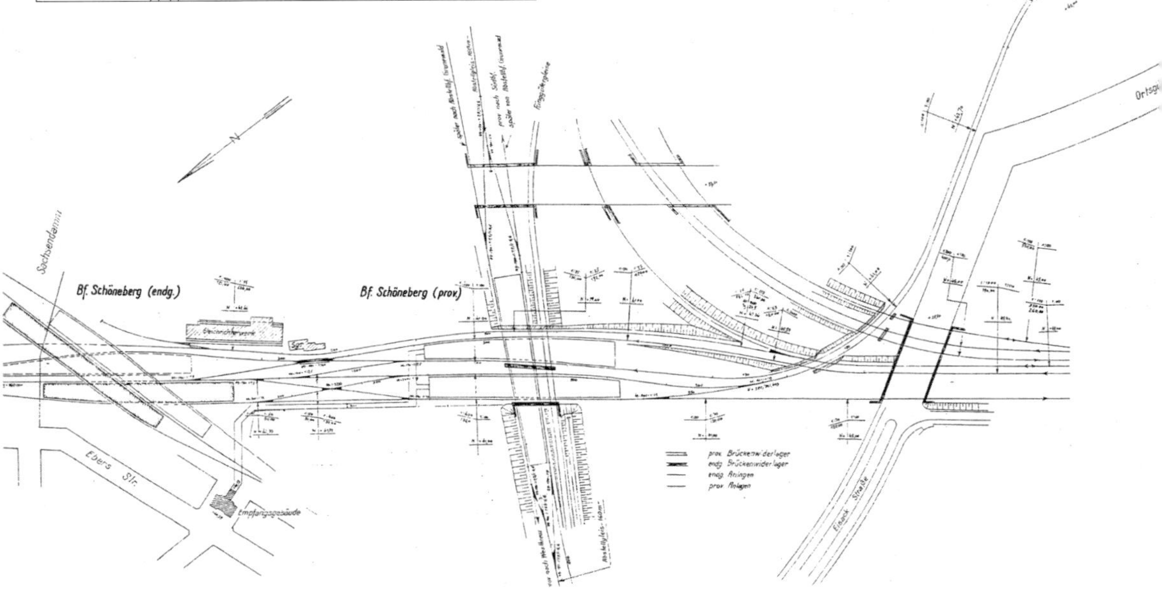


***Der provisorische Bahnhof in Schöneberg, Planung von 1940***

*Quelle: Landesarchiv Berlin*

## Große Pläne und Zusammenbruch

Bei den großspurigen Planungen zum Umbau Berlins zur Welthauptstadt „Germania" blieb auch die Wannseebahn nicht verschont. Die Umbauplanungen:

**Schöneberg** – Bau eines neuen Turmbahnhofs zur besseren Einführung in den Südbahnhof; zwei Bahnsteige auf der Ringbahn-, zwei auf der Wannseebahn-Ebene für Fern-S-Bahn und Wannseebahn.

*Splitterbunker als Schutz bei Bombenangriffen. Foto: M. Lange*

Um 1940 wurde zusätzlich die Anlage eines provisorischen Turmbahnhofs, etwa 400 Meter südlich gelegen, geplant. Dieser Bau wäre als Provisorium notwendig geworden, um während der Bauzeit der Nord-Süd-Straßenachse mit den darunter geplanten S-Bahntunneln die Strecken aus Richtung Priesterweg vorübergehend über die Wannseebahntrasse zur Nordsüd-S-Bahn zu führen.

**Kolonnenstraße** – Bau eines gemeinsamen neuen Umsteigebahnhofs für die Wannseebahn und die Südring-Spitzkehre.

**Nordsüd-S-Bahn** – Neue Tunneleinführung für die Wannseebahn und die Ringbahn nördlich von Kolonnenstraße; unterirdische Bahnhöfe Hornstraße (mit zehn S-Bahngleisen und fünf Bahnsteigen geplant) und Lützowstraße (neue Strecke Richtung Potsdamer Platz) bzw. Anhalter Bahnhof.

**Fern-S-Bahn** – Schaffung einer Fern-S-Bahn, deren Züge im Stadtgebiet nicht an allen Stationen halten, parallel zu Wannsee- und Stammbahn; dazu Anlage eines weiteren Gleispaares.

***1941 – Eisenbahnplanung für den Umbau Berlins zur Hauptstadt „Germania“***

*Ausbau der S-Bahn, vier große Fernbahnhöfe an und Beseitigung der Bahnanlagen innerhalb der Ringbahn. Archiv Deutscher Bahnkunden-Verband*

**Stammbahn** – Hier war vorgesehen, die Stammbahn für den S-Bahnbetrieb zwischen Zehlendorf und Griebnitzsee (heutige Stationsbezeichnungen) zu elektrifizieren.

**S-Bahnabzweig Goerzbahn** – Führung einer zusätzlichen Strecke über die Goerzbahn. Der Bahnhof Lichterfelde West sollte wesentlich erweitert werden, dort war eine dritte Bahnsteigkante für die S-Bahnzüge in Richtung Goerzallee und weiter bis Teltow Stadt geplant.

Doch all dies blieb nur Planung. Irgendwann im Frühjahr 1945 wurde der Bankierzugverkehr eingestellt, und nach dem 20. April 1945 brach der S-Bahnverkehr zusammen – Berlin wurde zum Schlachtfeld.

Am 25. April besetzte die Rote Armee Zehlendorf, am 29. April 1945 stand sie am Potsdamer Bahnhof. Am 2. Mai, dem Tag der Kapitulation der deutschen Truppen in Berlin, wurde die Nordsüd-S-Bahn überflutet. Mit einer gezielten Sprengung – wahrscheinlich von deutscher Seite – wurde die Decke des S-Bahntunnels unter dem Landwehrkanal zum Einsturz gebracht.

# 3.2 Die elektrischen Bankierzüge

Von Dr. Michael Braun

*Nur für kurze Zeit gab es in Berlin einen S-Bahnverkehr mit besonderen Fahrzeugen und 120 Kilometer pro Stunde Höchstgeschwindigkeit.*
*Gemeint sind die Züge, die – als S-Bahnbaureihe 125 – für einige Jahre zwischen Berlin Potsdamer Fernbahnhof und Zehlendorf auf den Ferngleisen der Stammbahn fuhren.*
*Von den Berlinern wurden sie stolz „Bankierzüge" genannt …*

**Wannseebahn und Bankierverkehr**

Die Wannseebahn als erste reine Berliner Nahverkehrsstrecke verband auf komfortable Weise das Zentrum des Geschäftslebens um den Potsdamer Platz mit den Wohnorten der Berliner Oberschicht in den Villengebieten des Südwestens.

Ab 1903 legte die Reichsbahn zu bestimmten Zeiten zusätzliche Züge zwischen dem Potsdamer Bahnhof und Wannsee ein, die später auch die Ferngleise benutzten und auf der annähernd schnurgeraden Trasse zwölf Kilometer Fahrstrecke ohne Halt durchfuhren. Für diese besondere Verkehrsverbindung bürgerte sich alsbald der Begriff „Bankierzüge" ein. Damit war eben jene Klientel beschrieben, die zur Berufsverkehrszeit diese Strecke üblicherweise sowieso non-stop zurückzulegen pflegte.

Zu Dampflokzeiten lag die Grundgeschwindigkeit der Bankierzüge mit 60 Kilometer pro Stunde nur wenig höher als die der Dampfzüge auf der Wannseebahn. Der Fahrtzeitvorteil insgesamt jedoch war nicht unbeträchtlich, er betrug nahezu 25 Prozent oder sieben Minuten absolut für eine einfache Fahrt. Der Tarif blieb dabei gleich.

In einem frühen Planungsstadium war überlegt worden, den Bankierzugverkehr als Expreßverkehr weiterhin mit Dampfzügen zu bestreiten. Da dies die Vorteile konterkariert hätte, sah das endgültige Projekt konsequenterweise auch die Ausrüstung der Ferngleise von Zehlendorf bis in den Potsdamer Fernbahnhof für elektrischen Betrieb vor. Das Angebot umfaßte, gebündelt in zwei Zeitstaffeln, im Tagesschnitt auf acht übliche Züge einen Bankierzug.

Für die im Wannseebahn- und Bankierzugverkehr insgesamt benötigten 65 zusätzlichen Viertelzugeinheiten mußte teilweise auf die Betriebsreserve zurückgegriffen werden. Nur 51 Triebzüge konnten neu in Dienst gestellt werden. Deren Unterschiede zu den bisherigen Stadtbahnwagen waren marginal. Die neuen Wagen erhielten die Bauartbezeichnung „Wannseebahn".

Mit Beginn des elektrischen Betriebs auf Wannseebahn und Potsdamer Bahn am 15. Mai 1933 konnte man dann elektrisch auf zwei parallelen Wegen von der Stadtmitte nach Wannsee gelangen. In Berlin Potsdamer Fernbahnhof waren die sowohl von den elektrischen als auch Dampfzügen benutzten Bahnsteige B und C geringfügig erhöht worden. Durch den neuen elektrischen Betrieb wurde eine große Zahl preußischer Abteilwagen auf einen Schlag für die Deutsche Reichsbahn entbehrlich. Einige davon dienten später mit Sicherheit als „transportable Gartenlauben".

Die Zahl der Züge im Bankierverkehr war anläßlich der Elektrifizierung noch einmal etwas erhöht wor-

## Warum „Bankierzüge"?

Von Sigurd Hilkenbach

Im Sprachgebrauch wie auch in der Literatur werden die S-Bahnzüge, die im beschleunigten Verkehr zwischen Berlin Potsdamer Bahnhof und Zehlendorf auf den Fernbahngleisen ohne Zwischenhalt fuhren, als Bankierzüge bezeichnet, da sie für die gutbetuchte Kundschaft im vornehmen Berliner Südwesten, die über dicke Bankkonten verfügte, eingerichtet waren. – Dies ist nur die halbe Wahrheit!

Als ich in Zehlendorf Anfang der fünfziger Jahre Bankstift war, erklärte mir mein Ausbilder, der kundige Herr Weiße, diesen Namen so:

Die Bankierzüge waren in erster Linie für Mitarbeiter der zahlreichen Zweigstellen – damals noch Depositenkassen genannt – der Großbanken Deutsche Bank, Commerzbank oder Dresdner Bank gedacht. Die Kassenboten, Abteilungsleiter etc. mußten dringende Belege wie Wechsel, Schecks, Effekten usw. schnell in die Zentralen bringen, die sich ja alle im Stadtzentrum befanden. Diese Fahrgäste waren echte Bankiers, und so ergibt die spezielle Bezeichnung Bankierzüge auch einen Sinn.

Wäre nur an die reichen „Südwester" gedacht worden, dann hätte sich vielleicht der Name Millionärszüge eingebürgert …

den. Jedoch konnte die mögliche Höchstgeschwindigkeit auf dem Fernstreckenabschnitt von den elektrischen Zügen nicht ausgeschöpft werden.

Als einen der prominentesten Benutzer der Bankierzüge wird man wohl Reichsverkehrminister Julius Dorpmüller ansehen können. Schon ab Mitte der zwanziger Jahre, noch als Vize-Generaldirektor der Deutschen Reichsbahn, hat man ihn regelmäßig im intern reservierten „Dienstabteil" gesichtet. In der Tat erfüllte er das „Bankier-Klischee" vollständig: Er wohnte in Zehlendorf, arbeitete am Potsdamer Platz und war jeglichem Zeitgewinn sicher zugetan.

**192. Wagenkasten für dienstliche Zwecke.**

Durch die Elektrisierung der Wannseebahn und die Verfügung der Hauptverwaltung vom 12. Februar 1933 — 30 Fuv 81 — werden eine größere Anzahl noch brauchbarer Wagenkasten von Personen-, Gepäck- und Güterwagen anfallen, die nicht durch die normale Anforderung der Dienststellen oder durch Verkauf untergebracht werden können. Bevor wir die Zerlegung der übrigen Wagenkasten anordnen, ersuchen wir, uns den Bedarf an Wagenkasten baldmöglichst auf dem vorgeschriebenen Vordruck anzugeben. Nach der Sonderung ist mit einem Anfall wirklich brauchbarer Wagenkasten in absehbarer Zeit nicht zu rechnen.

*Aus dem Amtsblatt der RBD Berlin, 1933*
*Archiv Dr. M. Braun*

## Die neuen S-Bahnzüge der Bauart Bankier (Bauart 1934)

Die Jahre 1932 und 1933 waren im Triebwagenbau gekennzeichnet durch eine Betonung der Dynamik. Die Hinwendung zu höheren Geschwindigkeiten sollte auch äußerlich ihre Entsprechung erfahren. Prominentestes Beispiel dafür ist der Fliegende Hamburger, wo man sehr viel Entwicklungsarbeit gerade in die Gestaltung der Kopfform investiert hatte. Schnellfahrversuche auf der schon 1903 für gut 200 Kilometer in der Stunde zugelassenen Militärbahn im Süden Berlins hatten erwiesen, daß eine parabolische Frontpartie der Luft den geringsten Widerstand entgegensetzt und somit Antriebsenergie einsparen hilft. Diese Erkenntnis wurde um 1931 insbesondere bei den Kruckenberg-Schnelltriebwagen ausgenutzt. Jedoch war schon zu dieser Zeit davon auszugehen, daß bei den für Stadtschnellbahnen üblichen Geschwindigkeiten durch eine windschnittige Form kaum an Antriebsleistung gespart werden konnte (Elektrische Bahnen 1941, Nr. 6, Seite 113ff). Trotzdem erhielten auch die neuen elektrischen Bankierzüge (Bauart 1934) die runde Kopfform. Am 29. Mai und am 6. Juli 1935 ausgeliefert, wurden drei Viertelzüge am 22. Oktober 1935 und der erste Viertelzug 4501/6501 (später ET/EB 125 001) am 15. Februar 1936 offiziell in Dienst gestellt.

Eine optisch durchaus gewichtige Konsequenz war mit den neuen Wagen verbunden: Weil alle Triebwagen windschnittige Stirnfronten besaßen, war „darauf Rücksicht zu nehmen, daß der … Zugschluß … nicht mehr in Form von Oberwagenlaternen angebracht werden kann …" Für diese Fälle ist erlaubt, daß „… zwei in gleicher Höhe nach hinten rot (und nach vorn weiß) leuchtende Laternen verwendet werden dürfen" (Die Reichsbahn 1935, Heft 4, Seite 123ff). Damit sollte sich das gewohnte „Gesicht" der Berliner S-Bahnfahrzeuge dauerhaft wandeln.

***Serienbankierzug – Bauart 1935a***

*Die erste Serie von zehn Bankierviertelzügen wurde 1936 geliefert. Zwei gelbe Zierstreifen – nun auf dem schwarzen Mittelgurt zusammengefaßt – signalisierten die höhere Fahrgeschwindigkeit.*
*Foto: C. Bellingrodt, Archiv S. Hilkenbach*

# Der Bankier-Probezug von 1935

Zusammenstellung von Dr. Michael Braun

## Neuerungen im Überblick

| Bauteil | Ausführung bisher | Veränderungen beim Bankier-Probezug | in folgende Serien übernommen |
|---|---|---|---|
| Wagenkasten inkl. Untergestell | überwiegend genietet | geschweißt | ja [1] |
| Kopfform | kantig | windschnittig gerundet | ja |
| Führerraumzugang | über Traglastenabteil | zusätzlich über Seitendrehtür | ja [2] |
| Wagenkupplungen | freistehend | in Nischen des Wagenkastens eingezogen | ja |
| Führerraumtiefe | 1000 mm | 1150 mm [3] | ja |
| Abteillänge 2. Klasse | 1575 mm | 1727 mm | ja |
| Achsstand | 2500 mm | 2600 mm | ja [2] |
| Drehgestelle | genietet, Regelbauart | geschweißt, teilweise amerikanische Bauart [4] | ja/nein |
| Wagenkastenbewegungen | weitgehend ungedämpft | Dämpfung am Wagenkasten und an der Wiegenfederung | nein |
| Wagenlängsbewegungen | ungedämpft | Dämpfungspuffer [5] | ja |
| Motore | 90 kW, Typ GBM 700 | 140 kW, Typ GBM 710 | ja [2] |
| Spitzenstrom je Wagen | 500 A – gebrochene Anfahrt | 950 A – halbgebrochene Anfahrt | ja [2] |
| Hauptschütz | ein | zwei | nein |
| Schaltwerk und -antrieb | getrennt | vereinigt | ja |
| Bremsbauart | Regelbauart | Schnellbremse mit 75–200%iger und selbsttätiger Lastabbremsung mit Fliehkraftregler [6] | nein |
| Bremssohlen | einteilig | geteilt | ja/nein |
| Anordnung der Geräte der Bremsanlage | unter dem Wagenboden | teilweise auf dem Drehgestell | nein |
| Lüftung | über Fenster und Lüftungsklappen | zusätzliche Sauglüftung [4] | ja |
| Heizkörper | unter den Sitzen | zusätzliche Druckluftheizung [4] mit Steuerung über Temperaturfühler unter der Decke des Fahrgastraumes | ja [7] |
| Wagendecke | glatt | mittige Kassette [4] | ja [2] |
| Beleuchtung der Fahrgasträume | (überwiegend) Graetz-Lampen | Leuchtbalken oder sogenannte Perlketten an den Kanten der Deckenkassetten [2] | nein |
| Speisung der Beleuchtung | direkt aus der Stromschiene | indirekt über Umformer mit 110 Volt | ja [8] |
| Signalbeleuchtung | untereinander in der Stirnwand-Mitte, zwei Oberwagenlaternen | 3 Viertelzüge: 2 Stirnlampen und 2 darunterliegende Falschfahrlampen;<br>1 Vz: in einem Gehäuse vereinte Lampen | ja |

1) Bauweise auch bei dem in der gleichen Zeit neu gebauten des Ersatzbeiwagens 6320 der Stadtbahnbauart angewendet
2) teilweise, z. B. zweite Nachlieferung wieder Achsstand 2500 mm
3) rund 20 Jahre später wurde auch eine Führerraumtiefe von 1370 mm als arbeitsmedizinisch völlig zu klein eingeschätzt
4) teilweise schon in der Bauart des Wannseebahn-Versuchszuges realisiert
5) 1934 schon bei vier Viertelzügen der Bauart Stadtbahn erprobt
6) Versuche dazu wurden schon im Jahre 1932 an Wagen der Bauart Stadtbahn durchgeführt
7) nur Heizsteuerung, auch in Wechselstromtriebwagen und Obussen eingebaut
8) jedoch mit 48 Volt

## *Der Bankier-Probezug – Bauart 1934*

*4 Trieb- und 4 Beiwagen dieser Art wurden 1935 für den Schnellverkehr Berlin Potsdamer Bahnhof–Zehlendorf (–Wannsee) geliefert. 1936 und 1938 folgten weitere 10 bzw. 4 Einheiten.*
*Zeichnungen: Archiv Historische S-Bahn*

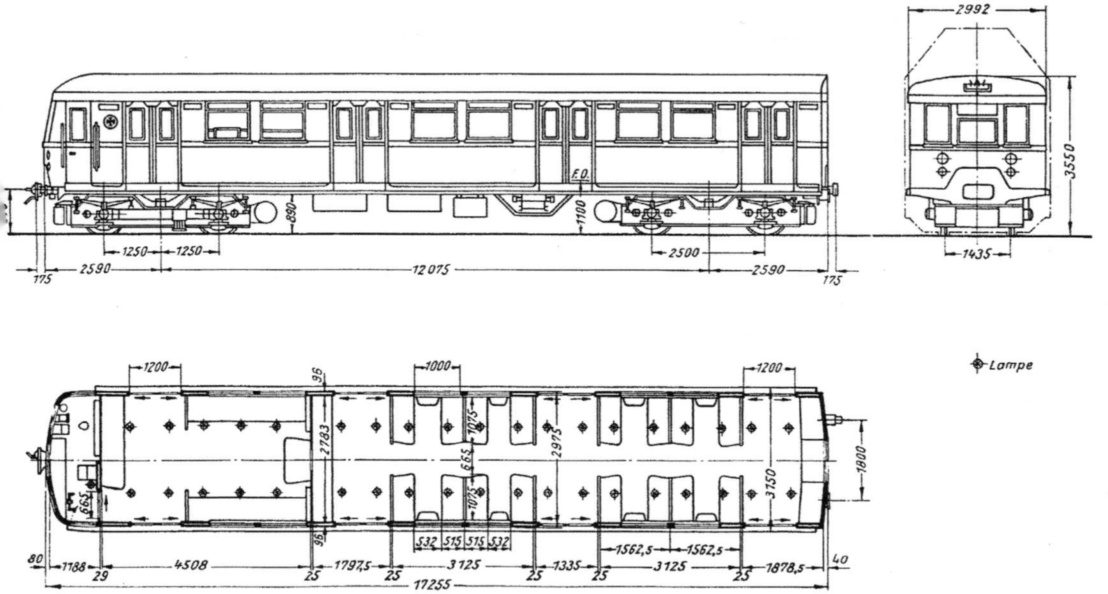


Sitzteilung 2+2
Sitzplätze 60

| | | |
|---|---|---|
| Nr. 3796 | Eigengewicht: | 41,5 t |
| Nr. 3797 | " " | 39,6 t |
| Nr. 3798 | " " | 41,8 t |
| Nr. 3799 | " " | 39,5 t |

Nr. 4501 – 4504

| | | | |
|---|---|---|---|
| Nr. 4501 | Drehgestell amerik. Bauart | Perl- u. Soffitenbeleuchtung | Norm. Heizung u. Sauglüftung |
| Nr. 4502 | Regeldrehgestell | Perlbeleuchtung | Norm. Heizung u. Sauglüftung |
| Nr. 4503 | Drehgestell amerik. Bauart | Perl- u. Soffitenbeleuchtung | ~~Warmluftheiz. m. komb.~~ Lüftung |
| Nr. 4504 | Regeldrehgestell | Perlbeleuchtung | ~~Warmluftheiz. m. komb.~~ Lüftung |

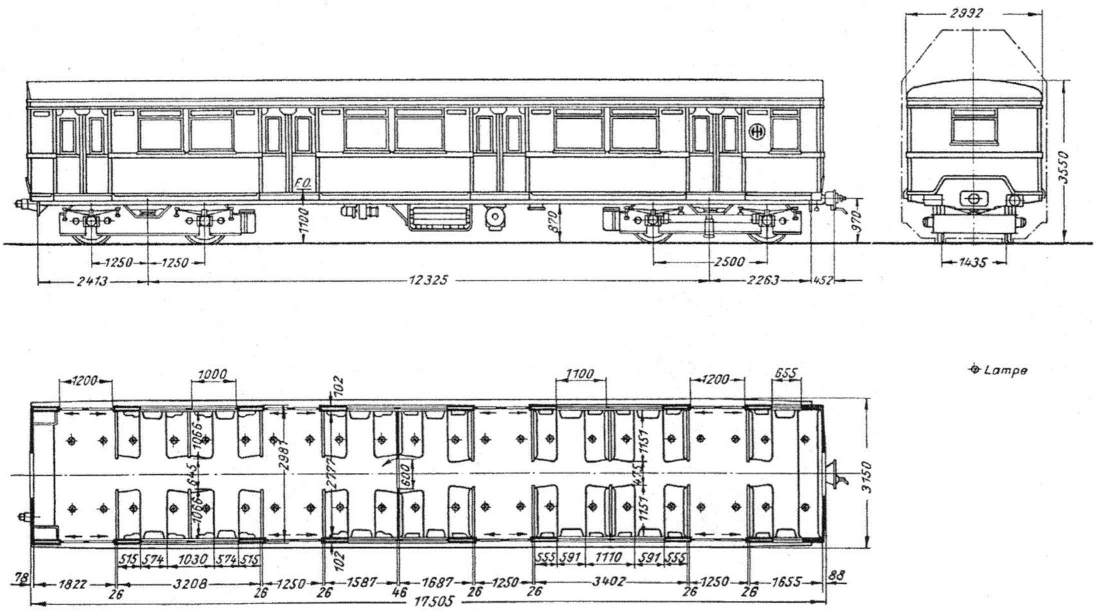


Sitzteilung 2+2
Sitzplätze 2. Kl. 33 – 3. Kl. 28
Eigengewicht: 30,7 t

Nr. 6501 – 6504

Mit den neuen Fahrzeugen setzte die Reichsbahn 1934 den Trend zu mehr Geschwindigkeit nun im beschleunigten Nahverkehr fort. Die Züge sollten „als Vorbild für eine neue Triebwagenbauart ... dienen, mittels der der Verkehr der Vororte durch verkürzte Reisezeiten verbessert (wird)". Weiterhin sollten technische „Neuerungen (erprobt werden), die in Zukunft allgemein an den Wagen der Berliner S-Bahn zur Einführung vorgesehen sind" (Siemens-Zeitschrift 1935, Nr. 7, Seite 341 ff). Diese Entwicklungsrichtung setzte eine wesentliche Erhöhung der bislang maximalen Höchstgeschwindigkeit voraus. Für den Einsatz waren vorerst nur die Ferngleise an der Wannseebahn geeignet.

Die Firmen Orenstein & Koppel in Berlin und Wegmann in Kassel lieferten vier Viertelzugeinheiten, die Siemens (u. a. Beleuchtung) und die AEG (z. B. Motore, Hauptschütz) elektrisch ausgestatteten. Dieser Zug aus acht Fahrzeugen wird in der Literatur seiner speziellen Eigenheiten wegen als Bankier-Musterzug oder als Bankier-Probezug bezeichnet. Bei zwei Fahrzeugnachlieferungen hat man das Triebwagengewicht gegenüber diesem Probezug noch um etwa fünf Prozent senken können.

Ein beachtlicher Erfolg gelang bei der Aufrüstung der Fahrmotoren, wo mit lediglich drei Prozent Gewichtszuwachs eine Leistungszunahme von 55 Prozent unter Beibehaltung aller übriger Parameter verzeichnet werden konnte. Damit wurde eine Höchstgeschwindigkeit von 120 Kilometer pro Stunde ermöglicht. Nur wenige Jahre zuvor erst war durch die Neufassung der Eisenbahnbetriebsordnung eine solche Geschwindigkeit auf Hauptbahnen überhaupt erst zugelassen worden.

Interessanterweise ist die erhöhte Geschwindigkeit nicht durch eine Änderung der Getriebeübersetzung, sondern mittels Steigerung der Drehzahl erreicht worden. Notwendig dafür war ein 50 Prozent höherer Anfahrstrom, der auf diesem Streckenstück jedoch ausreichend zur Verfügung stand. Zahlreiche weitere Neuerungen wurden eingeführt, die mehrheitlich in die nachfolgenden Fahrzeugserien übernommen wurden. Genannt seien fortschrittliche Beleuchtungsformen, lastabhängige Bremssysteme und geschmackvolles Innendesign.

Nicht realisiert wurde die selbsttätige Verbindung der elektrischen Steuerleitungen. Bei der Scharfenbergkupplung waren nur die mechanische und die Druckluftverbindung bewerkstelligt, für die Elektrokupplung mußte der Ausschnitt im Stirnblech vergrößert werden, was auch in der Literatur anklang: die „Größe der Nischen in den Wagenkästen (ist) so bemessen, daß auch selbsttätige Steuerstromkupplungen eingebaut werden können" (Verkehrstechnische Woche 1936, Heft 7, Seite 416 ff). Der Probezug besaß bei seiner Auslieferung zwar einen geeigneten Ausschnitt, die Kupplung selbst aber noch nicht.

1942 erhielten die Schnellfahrzüge die Baureihenbezeichnung ET/EB 125. Die am Kopfteil angeschriebene Nummer hob nun die Züge zusätzlich von den übrigen Bauarten ab. Die Viertelzüge des Probezuges bekamen die Ordnungsnummern 001 bis 004, die nachgelieferten Serienbankier-Viertelzüge die Nummern 005 bis 014 (1936) und 015–018 (1938).

***Bankier-Probezug, Bauart 1934***
*Charakteristikum der neuen Züge war nicht nur die gerundete Stirnfront, sondern auch die separate Führerstandstür an der linken Längsseite der Triebwagen. Werkfoto Orenstein & Koppel, Archiv Historische S-Bahn*

*Frontpartie des im Entstehen begriffenen Bankier-Probezugs für 120 km/h Geschwindigkeit im Herstellerwerk Orenstein & Koppel. Die neuartige große Nische für die Luftschläuche der Mittelpufferkupplung ist deutlich sichtbar. Werkfoto um 1934, Archiv Dr. M. Braun*

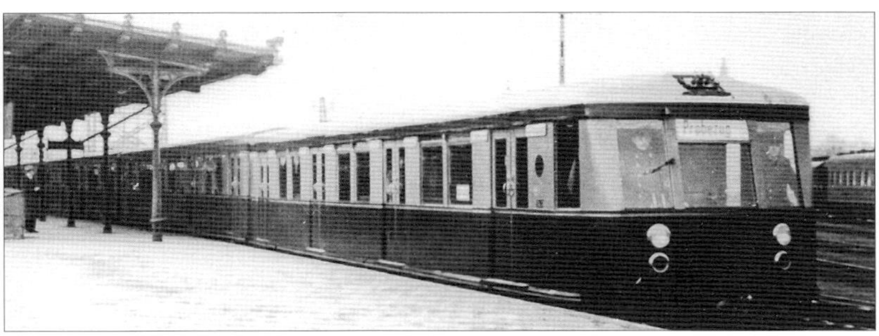

*Der Bankier-Probezug am Stadtbahnsteig, dem ehemaligen Wannseebahnsteig in Potsdam. Foto, um 1935: Archiv P. Bley*

**Vorortzüge 2. 3. Klasse.**

## Berlin-Wannsee—Berlin-Zehlendorf—Berlin Potsdamer Fernbf
(Elektrischer Betrieb)

Höchstgeschwindigkeit 120 km/h

| Entfernung km | Betriebstellen | Fahrzeit M | Aufenthalt M | 4605 W | 4609 W | 4613 W | 4617 W | 4621 W | 4625 W | 4629 W | Für Bremsbedienung maßgebende Geschwindigkeit km | Mindestbremshundertstel |
|---|---|---|---|---|---|---|---|---|---|---|---|---|
| | Berlin-Wannsee ... ab | | — | 7 02 | 7 22 | 7 42 | 8 02 | 8 22 | 8 42 | 9 02 | 120 | 75 |
| 1,4 | Nikolassee ... „ | 3,00 | 0,25 | 05,25 | 25,25 | 45,25 | 05,25 | 25,25 | 45,25 | 05,25 | | |
| 1,7 | Schlachtensee ... „ | 2,50 | 0,25 | 08 | 28 | 48 | 08 | 28 | 48 | 08 | | |
| 1,5 | Zehlendorf West ... „ | 2,00 | 0,25 | 10,25 | 30,25 | 50,25 | 10,25 | 30,25 | 50,25 | 10,25 | | |
| 2,1 | Berlin-Zehlendorf ... an | 2,75 | 0,50 | 13 | 33 | 53 | 13 | 33 | 53 | 13 | | |
| | ab | | — | 13,50 | 33,50 | 53,50 | 13,50 | 33,50 | 53,50 | 13,50 | | |
| 2,9 | Berlin-Lichterfelde West Gbf. „ | | — | 16,25 | 36,25 | 56,25 | 16,25 | 36,25 | 56,25 | 16,25 | | |
| 3,1 | Berlin-Steglitz Güterbf. ... „ | 9,5 | — | 18,75 | 38,75 | 58,75 | 18,75 | 38,75 | 58,75 | 18,75 | | |
| 6,3 | Berlin Potsdamer Fernbf ... an | | — | 7 24 | 7 44 | 8 04 | 8 24 | 8 44 | 9 04 | 9 24 | | |
| 19,0 | | | | | | | | | | | | |

## Berlin-Wannsee—Berlin-Zehlendorf—Berlin Potsdamer Fernbf
(Elektrischer Betrieb)

Höchstgeschwindigkeit 120 km/h

| Entfernung km | Betriebstellen | Fahrzeit M | Aufenthalt M | 4633 W | 4643 W | 4655 W | 4667 W | 4679 W | 4691 W | 4703 W | Für Bremsbedienung maßgebende Geschwindigkeit km | Mindestbremshundertstel |
|---|---|---|---|---|---|---|---|---|---|---|---|---|
| | Berlin-Wannsee ... ab | | — | 9 22 | 14 02 | 15 02 | 16 02 | 17 02 | 18 02 | 19 02 | 120 | 75 |
| 1,4 | Nikolassee ... „ | 3,00 | 0,25 | 25,25 | 05,25 | 05,25 | 05,25 | 05,25 | 05,25 | 05,25 | | |
| 1,7 | Schlachtensee ... „ | 2,50 | 0,25 | 28 | 08 | 08 | 08 | 08 | 08 | 08 | | |
| 1,5 | Zehlendorf West ... „ | 2,00 | 0,25 | 30,25 | 10,25 | 10,25 | 10,25 | 10,25 | 10,25 | 10,25 | | |
| 2,1 | Berlin-Zehlendorf ... an | 2,75 | 0,50 | 33 | 13 | 13 | 13 | 13 | 13 | 13 | | |
| | ab | | — | 33,50 | 13,50 | 13,50 | 13,50 | 13,50 | 13,50 | 13,50 | | |
| 2,9 | Berlin-Lichterfelde West Gbf. „ | | — | 36,25 | 16,25 | 16,25 | 16,25 | 16,25 | 17 | 17 | | |
| 3,1 | Berlin-Steglitz Güterbf. ... „ | 9,50 | — | 38,75 | 18,75 | 18,75 | 18,75 | 18,75 | 20,25 | 20,25 | | |
| 6,3 | Berlin Potsdamer Fernbf ... an | | — | 9 44 | 14 24 | 15 24 | 16 24 | 17 24 | 18 26 | 19 26 | | |
| 19,0 | | | | | | | | | | | | |

*Elektrischer Bankierzugverkehr – Buchfahrplan vom November 1943, Archiv M. Arndt*

## Der Schnellverkehr

Mit je zwei Viertelzügen hat man ab Anfang und Mitte 1935 zunächst Versuchsfahrten absolviert. Im Verlauf der Jahre 1935 und 1936 sind einschließlich der vier Probezüge 14 Zwei-Wagen-Einheiten von der Reichsbahn übernommen und in den regulären Fahrgastverkehr einbezogen worden, 1938 stieg ihre Zahl mit der Inbetriebnahme von vier weiteren Viertelzügen auf insgesamt 18.

Für den Schnellverkehr über die Stammstrecke hat man zunächst besonderes Personal heranbilden müssen, denn die bislang aus dem übrigen Betrieb gewonnene Kräfte ohne handwerkliche Vorbildung besaßen ihre Fahrlizenz nur, solange 80 km/h als Höchstgeschwindigkeit üblich waren. Auch auf die Bahnsteigaufsichten kam Mehrarbeit zu. Sie hatten künftig mit einem Vierkantschlüssel am hinteren Führerstand das Signalbild herzustellen.

Mit dem Sommerfahrplan 1936 begann bei der Berliner S-Bahn der Schnellverkehr. Die Fahrzeiten zwischen Zehlendorf und der Berliner Innenstadt am Potsdamer Platz schmolzen erneut. Es ist davon auszugehen, daß alle bis dahin eingesetzen älteren Wagen aus diesem privilegierten Zugdienst ausschieden. Auch die neuen Fahrzeuge waren im Betriebswerk Wannsee stationiert.

**Vorortzüge 2. 3. Klasse.**

## Berlin Potsdamer Fernbf—Berlin-Zehlendorf—Berlin-Wannsee

**(Elektrischer Betrieb)**

Höchstgeschwindigkeit 120 km/h

| Entfernung km | Betriebstellen | Fahrzeit M | Aufenthalt M | 4610 W | 4614 W | 4618 W | 4622 W | 4626 W | 4630 W | 4634 W | Für Bremsbedienung maßgebende Geschwindigkeit km | Mindestbremshundertstel |
|---|---|---|---|---|---|---|---|---|---|---|---|---|
| | Berlin Potsdamer Fernbf . . . ab | | — | 7 28 | 7 48 | 8 08 | 8 28 | 8 48 | 9 08 | 9 28 | 120 | 75 |
| 6,3 | Berlin-Steglitz Güterbf . . . . . „ | | — | 34,25 | 54,25 | 14,25 | 34,25 | 54,25 | 14,25 | 34,25 | | |
| 3,1 | Bln-Lichterfelde West Gbf . . . „ | 10,75 | — | 36,25 | 56,25 | 16,25 | 36,25 | 56,25 | 16,25 | 36,25 | | |
| 2,9 | Berlin-Zehlendorf . . . . . . . an | | 0,50 | 38,75 | 58,75 | 18,75 | 38,75 | 58,75 | 18,75 | 38,75 | | |
| | ab | | — | 39,25 | 59,25 | 19,25 | 39,25 | 59,25 | 19,25 | 39,25 | | |
| 2,1 | Zehlendorf West . . . . . . . . . . „ | 2,50 | 0,25 | 42 | 8 02 | 22 | 42 | 9 02 | 22 | 42 | | |
| 1,5 | Schlachtensee . . . . . . . . . . . . „ | 2,00 | 0,25 | 42,25 | 04,25 | 24,25 | 44,25 | 04,25 | 24,25 | 44,25 | | |
| 1,7 | Nikolassee . . . . . . . . . . . . . . „ | 2,25 | 0,25 | 46,75 | 06,75 | 26,75 | 46,75 | 06,75 | 26,75 | 46,75 | | |
| 1,4 | Berlin-Wannsee . . . . . . . . . . an | 2,50 | — | 7 49,25 | 8 09,25 | 8 29,25 | 8 49,25 | 9 09,25 | 9 29,25 | 9 49,25 | | |
| 19,0 | | | | | | | | | | | | |

## Berlin Potsdamer Fernbf—Berlin-Zehlendorf—Berlin-Wannsee

**(Elektrischer Betrieb)**

Höchstgeschwindigkeit 120 km/h

| Entfernung km | Betriebstellen | Fahrzeit M | Aufenthalt M | 4636 W | 4648 W | 4660 W | 4672 W | 4684 W | 4696 W | 4708 W | Für Bremsbedienung maßgebende Geschwindigkeit km | Mindestbremshundertstel |
|---|---|---|---|---|---|---|---|---|---|---|---|---|
| | Berlin Potsdamer Fernbf ab | | — | 13 30 | 14 30 | 15 30 | 16 30 | 17 30 | 18 30 | 19 30 | 120 | 75 |
| 6,3 | Berlin-Steglitz Güterbf . . . . . „ | | — | 35 | 35 | 35 | 35 | 35 | 35 | 35 | | |
| 3,1 | Bln-Lichterfelde West Gbf . . . „ | 8,75 | — | 36,75 | 36,75 | 36,75 | 36,75 | 36,75 | 36,75 | 36,75 | | |
| 2,9 | Berlin-Zehlendorf . . . . . . . an | | 0,50 | 38,75 | 38,75 | 38,75 | 38,75 | 38,75 | 38,75 | 38,75 | | |
| | ab | | — | 39,25 | 39,25 | 39,25 | 39,25 | 39,25 | 39,25 | 39,25 | | |
| 2,1 | Zehlendorf West . . . . . . . . . . „ | 2,50 | 0,25 | 42 | 42 | 42 | 42 | 42 | 42 | 42 | | |
| 1,5 | Schlachtensee . . . . . . . . . . . . „ | 2,00 | 0,25 | 44,25 | 44,25 | 44,25 | 44,25 | 44,25 | 44,25 | 44,25 | | |
| 1,7 | Nikolassee . . . . . . . . . . . . . . „ | 2,25 | 0,25 | 46,75 | 46,75 | 46,75 | 46,75 | 46,75 | 46,75 | 46,75 | | |
| 1,4 | Berlin-Wannsee . . . . . . . . . . an | 2,50 | — | 13 49,25 | 14 49,25 | 15 49,25 | 16 49,25 | 17 49,25 | 18 49,25 | 19 49,25 | | |
| 19,0 | | | | | | | | | | | | |

*Elektrischer Bankierzugverkehr – Buchfahrplan vom November 1943, Archiv M. Arndt*

Einige Viertelzüge sollen sogar für 140 Kilometer pro Stunde Höchstgeschwindigkeit aufgerüstet worden sein. Rein rechnerisch würde dafür eine Erhöhung der Fahrspannung von bislang 800 auf 900 Volt, über die ab etwa 1938 nachgedacht wurde, ausgereicht haben. Bei Probefahrten mit derartiger Geschwindigkeit haben aber offenbar die Stromabnehmer und die mechanischen Fahrsperren – eine Sicherheitseinrichtung gegen unbeabsichtigtes Überfahren haltzeigender Signale – versagt.

Berlin besaß mit den 120 Kilometer pro Stunde schnellen Bankierzügen die schnellsten Nahverkehrszüge Deutschlands. Selbst die nach Berliner Vorbild 1939 angelegte, auf neuesten technischen Erkenntnissen fußende Hamburger S-Bahn erreichte maximal 80 Kilometer pro Stunde. Zur Unterscheidung für die Fahrgäste erhielten die schnellen Berliner Züge auf dem schwarz umlaufenden Band unterhalb der Fenster zwei stadtbahngelbe Zierstreifen, diejenigen für 80 Kilometer pro Stunde nur einen.

Manche technische Neuerung überzeugte allerdings nicht, obwohl enormer Entwicklungsaufwand betrieben worden war. Dazu gehörten die neuen Beleuchtungskörper, die schlichtweg zu teuer waren. Auch die Frontpartie fand durchaus Kritiker unter den Designern damaliger Zeit.

# Meine Schulwege mit der Wannseebahn

Von Gisela Wüsthoff

1934 zogen meine Eltern und ich, ein neunjähriges Kind, ins neue Haus nach Nikolassee. 1933 war gerade die Strecke nach Wannsee elektrifiziert worden und die S-Bahn bescherte dem kleinen Nikolassee gleich zwei Haltestellen, einmal in Richtung Stadt nach Westkreuz und einmal in Richtung Schöneberg mit Anschluß an den Südring. Damals ahnte ich noch nicht, zu welch unentbehrlichem Bestandteil meiner Kindheit und Jugend, beinahe meines Schicksals, die S-Bahn werden sollte.

Von 1935 bis 1943 besuchte ich die heutige Annette-von-Droste-Hülshoff-Schule, damals Oberschule für Mädchen, Lyzeum Zehlendorf genannt. Das bedeutete acht Jahre lang tägliches Hin- und Zurückfahren mit der Wannseebahn, Fahrdauer ca. neun Minuten, mittels einer Schülermonatskarte für 3,50 Reichsmark. Diese Karte, etwas größeren Formats als eine gewöhnliche Fahrkarte, wurde der Schonung halber in einen mit einem Loch versehenen Zelluloidrahmen gesteckt und mit einer Schnur um den Hals getragen. So hing sie immer bereit zum Vorzeigen, außerdem ging sie weniger leicht verloren. Die beiden Kontrolleure in ihren Kontrollhäuschen – für jede Fahrtrichtung einer – begrüßten wir Schülerinnen, denn man kannte sich und freute sich über jedes Wiedersehen, auf beiden Seiten.

Mit dem Tausch des Schultornisters gegen eine stolz unter dem Arm getragene Aktentasche wechselte die Monatskarte ihren Platz in ein durchsichtiges Etui und mitsamt diesem in Mantel- oder Jackentasche. Während der Fahrt von Wannsee, über Nikolassee, Schlachtensee, Zehlendorf West bis Zehlendorf Mitte füllte sich der Zug von Station zu Station in seiner ganzen Länge erheblich, denn um den Bahnhof Zehlendorf Mitte gruppierten sich drei große Schulen, deren Schülerschaft zum großen Teil den Schulweg per S-Bahn machte. So bot der Bahnhof Zehlendorf Mitte gegen 7.45 Uhr morgens mit der aus dem Zug von Wannsee quellenden Fülle junger Menschen den lebhaften Anblick eines fast reinen Schülerbahnhofs. Alle mehr oder weniger eilig und ernst der jeweiligen Lehranstalt zustrebend, während der mittägliche Anblick ebensolcher Fülle von Entspannung und oftmals fröhlich-lautstarker Ausgelassenheit geprägt war.

*Bahnhof Nikolasse, der Verbindungsgang zum Stadtbahnsteig, 1936*
*Foto: Historische Sammlung DB AG*

Abgesehen von den ganz regelmäßig im 10-Minuten-Takt fahrenden Zügen bot die Wannseebahn noch einen weiteren Zug, der in den späten Morgenstunden alle zwanzig Minuten, nachmittags alle Stunde eingesetzt wurde: den sogenannten „Bankierzug". Dieser verkehrte nur im neuesten und sehr schicken Modell – Berufstätige aus den Außenbezirken einsammelnd – bis Zehlendorf Mitte, um dann ohne Aufenthalt zum Potsdamer Platz auf einem Extragleis, an neun Stationen vorbei, durchzufahren. Eine große Zeitersparnis für Angehörige der um den Potsdamer Platz liegenden Banken, Geschäfte, Ministerien usw. Wenn wir Schüler morgens rechtzeitig auf dem Bahnsteig erschienen, konnten auch wir von dieser noblen Einrichtung Gebrauch machen, was wir immer gern taten. In den S-Bahnzügen gab es damals Abteile in zwei Klassen, die zweite Klasse – 10 Pfennig teurer als die dritte – war wunderbar weich gefedert, leise und mit dunkler Holztäfelung und Polstersitzen ausgestattet. Im „Sonntagsstaat", zu Theaterbesuchen oder zu anderen feierlichen Anlässen benutzten meine Eltern mit mir die zweite S-Bahnklasse, was die Vorfreude sehr erhöhte.

Mit dem Wechsel vom Schultornister zur Aktentasche erweiterten sich sowohl unsere als auch die Interessen derjenigen, die zu den beiden Knabenschulen auf der anderen Seite der

Gleise gingen. Zarte oder auch grobe Spöttereien, verstohlene Blicke und heimliches Warten auf das Erscheinen des- oder derjenigen schlichen sich in gemeinsame S-Bahnfahrten und das Bahnsteigtreiben. Manche Freundschaft oder gar kleine Schülerliebe spann sich an.

Mit dem Aufstieg in höhere Klassen stiegen die Ansprüche der Schule, aber auch die Ablenkungen. Oft diente die Hinfahrt zu letzten, in rasantem Tempo gemachten Schularbeiten, zum kurzen Blick ins Buch oder Vokabelheft oder zu einem schnellen „Last-Minute"-Vergleich der Mathematikaufgaben.

Nach dem Abitur verpflichtete mich der Staat (der Aufruf von Goebbels zum Totalen Krieg) als Apothekenpraktikantin in die Paracelsus-Apotheke am Potsdamer Platz, deren Rezeptur in der Zwischenetage des S-Bahnhofs gelegen war – bis zu ihrer totalen Verbombung im Februar 1945. Ich erlebte diesen Angriff in einer riesigen Menschenmenge, unten auf dem Bahnsteig und teilweise auch auf den Gleisen stehend. Fünf Monate lang fuhr ich die 13 Stationen von Nikolassee tagtäglich zweimal, auch nach dem schrecklichen Februar-Angriff; bis Anfang März, als die Belegschaft der Apotheke sich auflöste und mein erster Ehemann mich in seiner Nähe wünschte, weg von Berlin.

1947 kehrte ich nach Berlin zurück, als Kriegswitwe mit kleinem Kind. Wieder war es die S-Bahn, die mich tagtäglich zur Berufstätigkeit fuhr. Auf einer dieser Fahrten lernte ich meinen zweiten Ehemann kennen, und somit gewann die S-Bahn für mich eine geradezu schicksalhafte Bedeutung. –

Was wäre ohne die Wannseebahn aus mir geworden?

*Bankier-Probezug, 3. Klasse: Perlketten-Beleuchtung und Gepäckraufen in Längsrichtung und Holzsitze ...*

*... sowie in der 2. Klasse Holztäfelung in Mahagoni, Polsterbezüge in Streifenplüsch ...*

*... oder in „Tigerplüsch" bei den Zügen der Serienlieferung. Werkfotos: P. Bley (oben) und Archiv Historische S-Bahn*

*Die windschnittige Stirnfront der Berliner Züge hatte für die Beschleunigung wenig Wert, Hamburger S-Bahnen bekamen deshalb nur einen waagerecht gerundeten Bug. Foto: Jan Borchers*

## Die Kriegszeit

Ein über die Strecke Berlin–Wannsee hinaus reichendes Anwendungsfeld für solche Schnellzüge im Berliner S-Bahnnetz wurde bis zum Kriegsende nicht gefunden. Selbst im Bankierverkehr war der Bedarf gering: Je Richtung waren täglich maximal acht Fahrten vormittags und sechs Fahrten nachmittags zu absolvieren und mit Fahrzeugen abzusichern.

1938 durchgeführte Versuchsfahrten mit den Schnelläufern auf der kurvenreichen Stadtbahnstrekke zeigten dann auch, daß ein mehr als zuvor schon rechnerisch ermittelter Fahrzeitgewinn von sechs Prozent nicht zu erzielen war.

Planungen für die Anlage einer Fern-S-Bahn zwischen Berlin und Hamburg mit der Baureihe 125 wurden spätestens 1937 ad acta gelegt. In den Jahren 1939 bis 1945 hat es trotzdem Vorstudien und Planungen für Fern-S-Bahnen im Berliner Raum mit schnellfahrenden S-Bahnzügen gegeben. Zunächst wurden von 1938 an Züge in Leichtstahl-Bauweise (Baureihe 151) entwickelt. Sie wären für Streckengeschwindigkeiten von 90 Kilometer pro Stunde ausgelegt worden und sollten mit 560 Kilowatt pro Viertelzug genau wie die Bankierzüge um reichlich 55 Prozent stärker motorisiert sein.

Mit Beginn des Zweiten Weltkriegs hatte die Deutsche Reichsbahn Verwundeten und Kriegskranken in Uniform die kostenlose Benutzung der S-Bahn zugestanden. Mit einer entsprechenden Bestätigung des behandelnden Lazaretts konnte in den Zügen sogar die zweite Wagenklasse in Anspruch genommen werden, auf den gut besuchten Bankierzügen sicher gar nicht so problemlos. Später hat man die Großzügigkeit auf weitere bedürftige Personenkreise ausgedehnt.

## Die Nachkriegszeit

Belegt ist, daß alle 18 schnellfahrenden Viertelzüge sowie die Schnellfahrstrecke noch zu Beginn des Jahres 1945 in Betrieb waren und alle 18 Züge die Kriegsereignisse überstanden, ein Viertelzug mit Brandschaden. 1949/1950 sind als Konsequenz aus den veränderten Bedingungen die Hochleistungsmotoren gegen solche des normalen Typs GBM 700 ausgetauscht worden. Seitdem waren die Züge der Bauart Bankier unwiderruflich ganz normale Mitglieder des Wagenparks der Berliner S-Bahn.

Durch allerlei Umbauten sind die Fahrzeuge dann immer stärker verfremdet, in den 70er Jahren schließlich im Zuge eines Modernisierungsprogramms der Deutschen Reichsbahn mit den Nachfolgebaureihen vereinheitlicht worden. Eine Ausnahme dabei machte der Probezug, der wegen seiner Besonderheiten im Unterbereich nicht analog wie andere Züge behandelt werden konnte. Die vier Viertelzüge sind daraufhin im Frühjahr 1988 abgestellt und ein Jahr später auf Dauer ausgesondert worden. Zwei Einheiten sind erhalten: Der Triebwagen 125 001 befindet sich im Deutschen Technikmuseum Berlin (EB abgestellt), der Viertelzug ET/EB 125 003 gehört dem Verein Historische S-Bahn.

Massive Zerstörungen noch in den letzten Kriegstagen führten zur Schließung des Potsdamer Fernbahnhofs in Berlin. Eine Wiederinbetriebnahme nach Ende der Kampfhandlungen gab es nicht mehr. Die Bankierzüge hatten dadurch ihren nördlichen Endpunkt in der Berliner Innenstadt verloren. Ein Bedarf für den Schnellverkehr zwischen Berlins Mitte, nun in Ost-Berlin, und dem „feinen Südwesten" der Stadt war zudem in den Jahren des Kalten Krieges politisch nicht angesagt.

## Die Idee bleibt

Ein Schnellverkehr mit S-Bahnen ist damit nicht für alle Zeiten vom Tisch. Schon Ende der sechziger Jahre wurden durchfahrende S-Bahnzüge in Hamburg zwischen den Stationen Bergedorf und Berliner Tor eingesetzt. Die Hamburger S-Bahn besaß zu jener Zeit Fahrzeuge, die Höchstgeschwindigkeiten bis zu 100 Kilometer pro Stunde erreichten.

Ähnliche Überlegungen, die es noch in den fünfziger Jahren in Berlin gab, konnten nicht realisiert werden. Man wollte hier ein System wie bei der New Yorker U-Bahn installieren, wo die schnelleren Expreß-Züge auf separaten Gleisen parallel zu den „Locals", den an allen Stationen haltenden Zügen, fahren, und auf ausgewählten Stationen Übergangsmöglichkeiten bestehen.

Auch heute sehen Verkehrsplaner in Berlin durchaus wieder einen Bedarf für Schnell-S-Bahnen, die schwächer frequentierte Stationen auslassen und für Start-Ziel-Fahrgäste über weite Distanzen erhebliche Zeitgewinne bieten könnten. Schon seit langem in der Diskussion ist diesbezüglich die S-Bahnstrecke nach Strausberg. Allerdings stehen dem Vorhaben dort noch diverse technische und betriebliche Probleme entgegen. Definitiv nicht mehr im Rennen ist die Potsdamer Bahn. Die Ruine des Potsdamer Bahnhofs wurde längst beseitigt und von den früheren beiden Ferngleisen ist zur Zeit nur eines vorhanden.

***Sommer 1945** – Die Sitzpolster werden im Betriebswerk Wannsee unter freiem Himmel repariert …*
*Foto: Historische Sammlung DB AG*

Hier dümpelt derzeit lediglich ein Rest-Güterverkehr mit 10 bis 40 km/h dahin. Sollte es jemals wieder ein Schienenverkehrsangebot parallel zur S-Bahn auf der Wannseebahn geben, dann wohl eher in Form von Regionalbahnzügen. Unabhängig davon wird es auf einigen S-Bahnstrecken künftig eine Steigerung der Geschwindigkeiten geben. Die Fahrzeuge der Baureihen 480 und 481/482 sind für Höchstgeschwindigkeiten von 100 Kilometer pro Stunde ausgelegt. Auf einigen Abschnitten im Streckennetz der Berliner S-Bahn ist diese Geschwindigkeit inzwischen zugelassen, seit 2003 auch auf der Wannseebahn.

***Foto Links:***
*Der Triebwagen 276 031 (ex ET 125 003) des Vereins Historische S-Bahn im Gelände des Ausbesserungswerks Tempelhof.*
*Foto: M. Müller*

***Foto linke Seite:***
*Triebwagen 4516 (ET 125 016) – Reparatur von Kriegsschäden im Ausbesserungswerk Schöneweide.*
*Foto: Archiv H. Schubert*

# 3.3 Der S-Bahnverkehr von 1945 bis 1980

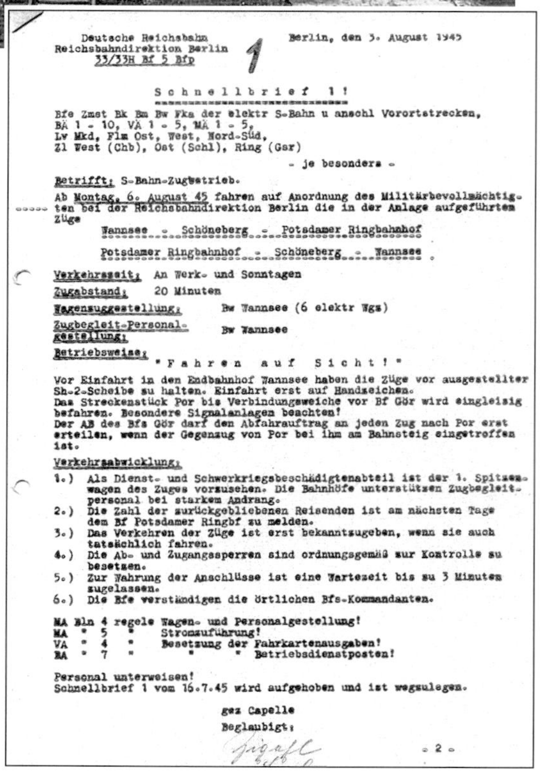

Deutsche Reichsbahn
Reichsbahndirektion Berlin
33/33H Bf 5 Bfp

1

Berlin, den 3. August 1945

S c h n e l l b r i e f  ! !

Bfe Zmst Bk Bm Bw Fka der elektr S-Bahn u anschl Vorortstrecken,
BÄ 1 - 10, VÄ 1 - 5, MÄ 1 - 5,
Lv Mkd, Flm Ost, West, Nord-Süd,
Zl West (Chb), Ost (Schl), Ring (Gsr)

- je besonders -

Betrifft: S-Bahn-Zugbetrieb.

Ab Montag, 6. August 45 fahren auf Anordnung des Militärbevollmächtigten bei der Reichsbahndirektion Berlin die in der Anlage aufgeführten Züge

Wannsee - Schöneberg - Potsdamer Ringbahnhof

Potsdamer Ringbahnhof - Schöneberg - Wannsee.

Verkehrszeit: An Werk- und Sonntagen

Zugabstand: 20 Minuten

Wagenzugestellung: Bw Wannsee (6 elektr Wgs)

Zugbegleit-Personalgestellung: Bw Wannsee

Betriebsweise:

"F a h r e n  a u f  S i c h t !"

Vor Einfahrt in den Endbahnhof Wannsee haben die Züge vor ausgestellter Sh-2-Scheibe zu halten. Einfahrt erst auf Handzeichen.
Das Streckenstück Por bis Verbindungsweiche vor Bf Gör wird eingleisig befahren. Besondere Signalanlagen beachten!
Der AB des Bfs Gör darf den Abfahrauftrag an jeden Zug nach Por erst erteilen, wenn der Gegenzug von Por bei ihm am Bahnsteig eingetroffen ist.

Verkehrsabwicklung:

1.) Als Dienst- und Schwerkriegsbeschädigtenabteil ist der 1. Spitzenwagen des Zuges vorzusehen. Die Bahnhöfe unterstützen Zugbegleitpersonal bei starkem Andrang.
2.) Die Zahl der zurückgebliebenen Reisenden ist am nächsten Tage dem Bf Potsdamer Ringbf zu melden.
3.) Das Verkehren der Züge ist erst bekanntzugeben, wenn sie auch tatsächlich fahren.
4.) Die Ab- und Zugangssperren sind ordnungsgemäß zur Kontrolle zu besetzen.
5.) Zur Wahrung der Anschlüsse ist eine Wartezeit bis zu 3 Minuten zugelassen.
6.) Die Bfe verständigen die örtlichen Bfs-Kommandanten.

MA Bln 4 regele Wagen- und Personalgestellung!
MA " 5 " Stromzuführung!
VA " 4 " Besetzung der Fahrkartenausgaben!
BA " 7 " " " Betriebsdienstposten!

Personal unterweisen!
Schnellbrief 1 vom 16.7.45 wird aufgehoben und ist wegzulegen.

gez Capelle

Beglaubigt:

- 2 -

**Die S-Bahn fährt wieder**

Bereits am 6. Juni 1945, d. h. rund vier Wochen nach Ende der NS-Diktatur, begann auf der Wannseebahn wieder der Betrieb. Zwar war die Wannseebahn die erste Strecke, die nach Kriegsende wieder in Betrieb genommen wurde, doch was für ein Unterschied zu den Verhältnissen nur zwei Monate zuvor! Nun benötigten die Züge für die Distanz von Großgörschenstraße bis Wannsee 40 Minuten, d.h. die Wagen fuhren wohl mit einer Geschwindigkeit von höchstens 50 Kilometer pro Stunde! Entsprechend schlimm müssen die Verhältnisse gewesen sein.

*Fahrplananordnung vom August 1945.*
*Archiv S-Bahn-Museum*

***Foto oben:***
*Zug in Richtung Wannsee in Schöneberg, Einfahrt in den Wannseebahntunnel, 1951*
*Foto: Landesarchiv Berlin*

**_Abgestellte Bankierzüge und ein „Oranienburger" im Betriebswerk Wannsee_**

*Kurz nach Kriegsende fuhren die Züge wieder ohne Blenden vor den Scheinwerfern, aber noch mit dem Tarnscheinwerfer vor dem Mittelfenster. Auch die Fangbügel – im Krieg seitlich an den Stirnfronten angebracht, um zu verhindern, daß Reisende bei Verdunkelung zwischen die Wagen ins Gleis geraten – gehörten zum Alltagsbild. Foto: Archiv R. Lehmann-Tag, Historische S-Bahn*

**105 Berlin Großgörschenstr.—Berlin-Wannsee und zurück** (elektr. Betrieb)

| RBD Berlin | Zug Nr | 2 | 4 | 6 | 8 | 10 | 12 | 14 | 16 | 18 | 20 | 22 | 24 |
|---|---|---|---|---|---|---|---|---|---|---|---|---|---|
| Berlin Großgörschenstraße | ab | 6.37 | 6.57 | 8 17 | 8.37 | 10.17 | 11.57 | 13.37 | 15.17 | 17.27 | 18.07 | 19.07 | 20.47 |
| Schöneberg | ↓ | 6.40 | 7.00 | 8.20 | 8.40 | 10.20 | 12.00 | 13.40 | 15.20 | 17.30 | 18.10 | 19.10 | 20.50 |
| Friedenau | | 6.43 | 7.03 | 8.23 | 8.43 | 10.23 | 12.03 | 13.43 | 15.23 | 17.33 | 18.13 | 19.13 | 20.53 |
| Feuerbachstraße | | 6.46 | 7.06 | 8.26 | 8.46 | 10.26 | 12.06 | 13.46 | 15.26 | 17.36 | 18 16 | 19.16 | 20.56 |
| Berlin-Steglitz | | 6.48 | 7.08 | 8.28 | 8.48 | 10 28 | 12.08 | 13.48 | 15.28 | 17.38 | 18.18 | 19 18 | 20.58 |
| Botanischer Garten | | 6.52 | 7.12 | 8.32 | 8.52 | 10.32 | 12.12 | 13.52 | 15.32 | 17.42 | 18.22 | 19.22 | 21.02 |
| Berlin-Lichterfelde West | | 6.55 | 7.15 | 8.36 | 8.55 | 10.35 | 12.15 | 13 55 | 15.35 | 17.45 | 18.26 | 19.25 | 21.06 |
| Sundgauer Straße | | 6.59 | 7.19 | 8.39 | 8.59 | 10.39 | 12.19 | 13.59 | 15.39 | 17.49 | 18.29 | 19.29 | 21.09 |
| Berlin-Zehlendorf | | 7.01 | 7.21 | 8.41 | 9.01 | 10.41 | 12.21 | 14.01 | 15.41 | 17.51 | 18.31 | 19.31 | 21.11 |
| Zehlendorf West | | an | 7.26 | an | 9.06 | 10.46 | 12.26 | 14.06 | 15.46 | 17.56 | an | 19.36 | an |
| Schlachtensee | | — | 7.30 | — | 9.10 | 10.50 | 12.30 | 14.10 | 15.50 | 18.00 | — | 19.40 | — |
| Nikolassee | ↓ | — | 7.34 | — | 9.14 | 10.54 | 12.34 | 14.14 | 15.54 | 18.04 | — | 19.44 | — |
| Berlin-Wannsee | an | — | 7.37 | — | 9.17 | 10.57 | 12 37 | 14.17 | 15.57 | 18.07 | — | 19.47 | — |

| RBD Berlin | Zug Nr | 1 | 3 | 5 | 7 | 9 | 11 | 13 | 15 | 17 | 19 | 21 | 23 |
|---|---|---|---|---|---|---|---|---|---|---|---|---|---|
| Berlin-Wannsee | ab | — | 6.10 | — | 7.50 | 9.30 | 11.10 | 12.50 | 14.30 | 16.40 | — | 18.20 | — |
| Nikolassee | ↓ | — | 6.14 | — | 7.54 | 9.34 | 11.14 | 12.54 | 14.34 | 16.44 | — | 18.24 | — |
| Schlachtensee | | — | 6.18 | — | 7.58 | 9.38 | 11.18 | 12.58 | 14.38 | 16.48 | — | 18.28 | — |
| Zehlendorf West | | — | 6.21 | — | 8.01 | 9.41 | 11.21 | 13.01 | 14.41 | 16.51 | — | 18.31 | — |
| Berlin-Zehlendorf | | 6.06 | 6.26 | 7.46 | 8.06 | 9.46 | 11.26 | 13.06 | 14.46 | 16.56 | 17.36 | 18.36 | 20.16 |
| Sundgauer Straße | | 6.09 | 6.29 | 7.49 | 8.09 | 9.49 | 11 29 | 13.09 | 14 49 | 16.59 | 17.39 | 18.39 | 20.19 |
| Berlin-Lichterfelde West | | 6.12 | 6.32 | 7.52 | 8.12 | 9.52 | 11.32 | 13.12 | 14 52 | 17.02 | 17 42 | 18.42 | 20.22 |
| Botanischer Garten | | 6.15 | 6.35 | 7.55 | 8.15 | 9 55 | 11.35 | 13.15 | 14.55 | 17.05 | 17.46 | 18.45 | 20.26 |
| Berlin-Steglitz | | 6.19 | 6 39 | 7.59 | 8.19 | 9.59 | 11.39 | 13.19 | 14 59 | 17.09 | 17.49 | 18.49 | 20.29 |
| Feuerbachstraße | | 6 22 | 6.42 | 8.02 | 8.22 | 10.02 | 11.42 | 13 22 | 15.02 | 17.12 | 17.52 | 18.52 | 20.32 |
| Friedenau | | 6.24 | 6.44 | 8.04 | 8.24 | 10 04 | 11.44 | 13.24 | 15.04 | 17.14 | 17.54 | 18.54 | 20 34 |
| Schöneberg | ↓ | 6.27 | 6.47 | 8.07 | 8.27 | 10.07 | 11.47 | 13.27 | 15.07 | 17.17 | 17.57 | 18.57 | 20.37 |
| Berlin Großgörschenstraße | an | 6 30 | 6.50 | 8.10 | 8.30 | 10.10 | 11.50 | 13.30 | 15.10 | 17.20 | 18.00 | 19.00 | 20.40 |

**_Fahrplan der Wannseebahn vom 20. Juli 1945_**

*Quelle: „Verzeichnis der zur Zeit verkehrenden Züge", Reichsbahndirektion Berlin, Archiv S-Bahn-Museum*

***Gleisdreieck*** *– Weil der Nord-Süd-Tunnel unbenutzbar war, fuhren von 1945 bis 1947 die Wannseebahnzüge (hier ein „Bankier" von 1938) oberirdisch zum Potsdamer Ringbahnhof in Berlin. Foto: Landesarchiv Berlin*

Deutsche Reichsbahn / Reichsbahndirektion Berlin
Verwaltung S-Bahn

Fahrkarte Nr. 00319

S BAHN

Der Inhaber dieser Fahrkarte
ist berechtigt, die S-Bahnzüge auf

allen Strecken der Berliner S-Bahn

zu benutzen.

Siegel Gültig bis: 31. 12. 55

Benutzungsbestimmungen umseitig!

*Fahrberechtigung für das Gesamtnetz der S-Bahn Archiv M. Müller*

Zunächst fuhr nur je ein Zugpaar morgens und abends. Wegen des zerstörten Potsdamer Bahnhofs und des überfluteten S-Bahntunnels endeten die Züge aus Wannsee erst in Schöneberg, schon einen Tag später in der Station Großgörschenstraße (heute Yorckstraße S 1) mit je vier Zugpaaren pro Tag. Der Fahrplan vom 20. Juli 1945 weist dann zwölf Zugpaare täglich aus. Schließlich wurde der Potsdamer Ringbahnhof zum provisorischem Endpunkt, solange bis der Tunnel wieder befahrbar war. Der Schnellverkehr mit den Bankierzügen war Geschichte, die Stromschienen an den Ferngleisen der Potsdamer Bahn wurden als dringend benötigte Ersatzteile abgebaut.

Ab 1946 fuhr die Wannseebahn auch wieder im Nordsüd-S-Bahntunnel bis Friedrichstraße, ab November 1947 bis Oranienburg.

***S-Bahnzüge zwischen den Bahnhöfen Feuerbachstraße und Friedenau***
*Foto: Klaus Lehnartz, 1964 – Landesarchiv Berlin*

Ab 1948 hielten auch am zweiten Bahnsteig in Zehlendorf elektrische S-Bahnzüge. Dies waren nun aber keine Bankierzüge mehr. Die S-Bahn, die hier jetzt hielt, war auf dem kurzen Teilstück Zehlendorf–Düppel-Kleinmachnow ein eher kläglicher Ersatz für den seit 1945 nicht mehr bestehenden Vorortverkehr in Richtung Werder.

## Das Jahr 1961

Das Fahrplanheft vom Mai 1961 zeigt den damals vertrauten 20-Minuten-Takt; durch ein zusätzliches Angebot zwischen Wannsee und Wilhelmsruh wurde er über die meiste Zeit des Tages auf einen 10-Minuten-Takt verdichtet.

Nach dem 13. August 1961 endeten die Wannseebahnzüge statt in Oranienburg bereits in Frohnau. Die in der Hauptverkehrszeit eingesetzten Verstärkerzüge, intern als Zuggruppe 1a bezeichnet, endeten

***Wannseebahner mit leichten Kratzern***
*Schrammspuren am Bordblech (Schrammbord, „Scheuerleiste"), verursacht durch das Streifen von Bahnsteigkanten. Foto: S. Hilkenbach, 1962*

*Wandschmuck von 1965 in den Steckrahmen der S-Bahnzüge in West-Berlin. Archiv M. Müller*

im unterirdischen Anhalter Bahnhof. Damit ergab sich zumindest auf der traditionellen Wannseebahn, noch immer ein 10-Minuten-Takt, trotz des nach dem Mauerbau von West-Berliner Seite ausgerufenen S-Bahn-Boykotts. Die Zahl der Fahrgäste in West-Berlin war um etwa vier Fünftel auf täglich 100000 gesunken, und sie erholte sich nur allmählich und in sehr geringem Maße.

*Fahrkartenkiosk auf dem Bahnsteig in Friedenau. Foto, 1974: IGEB-Archiv*

Richtig voll waren die Züge aber nur noch selten. Wer genau hinsah, konnte die schleichende Auszehrung der Anlagen nicht übersehen: In den folgenden Jahrzehnten wurden Gleise abgeklemmt und Stellwerke außer Betrieb gesetzt, Kioske „dicht gemacht" und notwendige Instandhaltungen nicht durchgeführt. Wegen fehlender Fahrgeldeinnahmen war die Deutsche Reichsbahn gezwungen zu rationalisieren. Sie schloß in den Empfangsgebäuden der S-Bahnhöfe Fahrkartenausgaben, faßte sie mit den Fahrkartenkontrollen zusammen und verlegte sie in die Entwerterhäuschen auf die Bahnsteige. Um Personal zu sparen, begann die Reichsbahn ab 1967 auch in West-Berlin auf Zugschaffner (Zugbegleiter) zu verzichten und den Zugverkehr auf den Einmannbetrieb (EMB) umzustellen. Die Züge wurden seitdem ohne Schaffner gefahren und per Funk abgefertigt.

In den sechziger Jahren aber machte nicht nur der S-Bahn-Boykott der Wannseebahn zu schaffen.

# Der Wannsee – die Badewanne der Berliner

Von Eberhard Rohde

Seit jeher sind Wannsee und Havel in den Sommermonaten beliebte Ziele der Berliner, um sich mit der Familie oder mit Freunden den Badefreuden hinzugeben. Soweit das Wetter mitspielt, ziehen die Menschen schon am frühen Morgen vom Bahnhof Nikolassee den Wannseebadweg in Richtung Strandbad entlang, bepackt mit den notwendigen Dingen, die für einen schönen und erholsamen Badetag benötigt werden. Dazu gehören die Badesachen, die Decke und – nicht zu vergessen – die Tasche mit der Lieblings-Verpflegung, zumeist in Form von Kartoffelsalat und Buletten. Die Kinder mit Wasserbällen und Gummitieren bewaffnet – auch das war und ist unerläßlich für einen vergnüglichen Badespaß.

So auch an einem Sonntag im Juli, einem extrem heißen Sommertag im Jahr 1958. Jeder ankommende S-Bahnzug der Wannseebahn oder der Stadtbahn, schüttete Hunderte von Menschen aus, die alle dasselbe Ziel hatten, den Havelstrand am Wannsee oder am Großen Fenster.

Zu dieser Zeit war ich bei der Deutschen Reichsbahn, Dienststelle Bahnhof Berlin-Wannsee, als Lohnrechner beschäftigt. Zum Dienststellenbereich gehörte auch der Bahnhof Nikolassee, und der sogenannte Badeverkehr war für die Beschäftigten stets eine große Herausforderung. Bereits bei der Ankunft der Züge wurden die Badegäste über Lautsprecher und mit Hinweisschildern aufgefordert, sich die Fahrkarten für die Rückfahrt zu beschaffen, denn in den Nachmittagsstunden begann der Rückreiseverkehr in konzentrierter Form. Um diesen zu bewältigen, galt es, alle verfügbaren Kräfte zusätzlich einzusetzen. Dazu gehörten auch die Beschäftigten der Verwaltung. Eine Kollegin aus dem Lohnbüro und ich waren als Fahrkartenverkäufer für den Bahnhof Nikolassee vorgesehen.

Der Hauptschalter der Fahrkartenausgabe Nikolassee befand sich auf der Ortsseite. Wir aber sollten zum Sommerschalter. Dies war die kleine Holzbaracke mit den zwei Schalterfenstern, die sich auf der Bahnhofsseite in Richtung Strandbad, zugleich aber auch auf der Sonnenseite befand. Die Baracke war ein Provisorium und wurde nur bei Bedarf geöffnet. Darin gab es weder Stromanschluß, noch Telefon oder Fahrkarten-Drucker. Nur eine Notklingel zur Aufsicht des oberen Bahnsteiges Nikolassee war vorhanden. Unsere Dienstzeit dort sollte von 14 bis 22 Uhr dauern. Den Fahrkartenbestand und das Wechselgeld mußten wir uns vom Hauptschalter holen. Dort waren für den Nachmittagsdienst Verstärkungskräfte eingesetzt, ebenso wie zur Unterstützung der Bahnhofsschaffner, die mit ihren Schaffnerzangen damals die Fahrkarten der Reisenden an den Zugängen zu den Bahnsteigen lochen mußten.

Wir aber begaben uns zum Sommerschalter. Als wir in den kleinen Raum eintreten wollten, fuhren wir erschrocken zurück. Drinnen herrschte brütende Hitze, eine Temperatur von über 40 Grad, die sich in den Mittagsstunden durch die pralle Sonneneinstrahlung aufgestaut hatte. Wir trugen zwar leichte Kleidung, aber schon nach kurzer Zeit lief uns der Schweiß von der Stirn, und von Minute zu Minute wurde die Wärme in der Baracke unerträglicher.

Gegen 16 Uhr setzte starker Rückreiseverkehr ein. Die Schlangen der Fahrgäste vor dem Schalter wurden länger. Wir fanden kaum mehr Zeit, uns den Schweiß vom Gesicht zu wischen. Ab und an schaute die Aufsicht vom oberen Bahnsteig nach uns und nach unserem Befinden. Sie hatte Mitleid, beschaffte uns Getränke und kam auf den Gedanken, jedem von uns einen Eimer mit kaltem Wasser zu bringen. Wir stellten unsere Füße hinein und spürten angenehme Erfrischung.

Der Andrang der Reisenden dauerte an. Wir kamen weder dazu, Pausen einzulegen, noch etwas zu essen. Erst gegen 21 Uhr ließ der Zustrom der Menschenmassen nach, und um 22 Uhr schlossen wir erschöpft den Schalter. Wir hatten dann noch gut eine Stunde zu tun, bis die Abrechnung erledigt und das Kleingeld (überwiegend 10-Pfennig-Stücke) gerollt war. Jetzt erst stellten wir fest, daß jeder von uns beiden fast tausend D-Mark eingenommen hatte.

Für die Reisenden war ein Badetag zu Ende, für uns Eisenbahner – ob Fahrkartenverkäufer, Bahnhofsschaffner oder Aufsicht – eine anstrengende Schicht. Aber wir vom Sommerschalter konnten uns trösten: Stolz erzählten wir, wie wir an diesem Tag gebadet haben – wenn auch nur im Schweiße unseres Angesichts.

Foto: K. Risch

*Nicht der Autoverkehr, sondern die S-Bahn geriet ins Schlingern – Steglitz 1974. Foto: S. Hilkenbach*

Parallel zur Wannseebahn zwischen Schöneberg und Steglitz baute der Senat die Stadtautobahn, für die ganze Straßenzüge mit gründerzeitlicher Wohnbebauung „plattgemacht" wurden. Auch das Bahnhofsgebäude in Steglitz mußte einer unwirtlichen „Stadtlandschaft" aus Beton und Asphalt weichen. Berlin sollte zur autogerechten Stadt werden.

Im Fahrzeugeinsatz auf der Wannseebahn dominierten über viele Jahre hinweg die alten Wannseebahnwagen. Nach der Netztrennung 1961 wurden zunächst die „Polsterzüge", im Sommer 1962 auch die restlichen Wannseebahnwagen zum S-Bahn-Betriebswerk Grünau in Ost-Berlin umstationiert. Bis zum Herbst 1980 kamen dann hauptsächlich die Bauarten Stadtbahn (Baureihe 165) sowie zunächst die Züge der Baureihe 166 zum Einsatz. Unter der Bezeichnung Baureihe 166 waren die sogenannten Olympiazüge und die nach 1949 weitgehend angeglichenen früheren Bankierzüge der Baureihe 125 zusammengefaßt worden. Die Baureihe 166 – ab 1970 als Baureihe 276 bezeichnet – wurde ab 1973 größtenteils in die Baureihe 277 umgebaut und danach im östlichen Netz eingesetzt. Nur die vier Viertelzüge des Bankier-Probezuges von 1935 wurden nicht zum Umbau vorgesehen. Bis 1980 war der Prototyp daher eine willkommene Abwechslung auf der Wannseebahn.

**Das Jahr 1980**

Im Frühjahr 1980 kam es in West-Berlin zwischen der Belegschaft und dem „sozialistischen Betrieb" Deutsche Reichsbahn zum offenen Bruch. Der ökonomische Zwang siegte über die politische Ambition,

*Grünschneise statt Betonschneise – Friedenau 1974. Foto: S. Hilkenbach*

87 Mitarbeiter wurden entlassen. Nun war für viele der letzte Grund, trotz schlechter Bezahlung, politischer Bevormundung und zum Teil unzureichender Arbeitsbedingungen bei der Deutschen Reichsbahn auszuharren, entfallen: der sichere Arbeitsplatz. In den Wochen nach dem 15. Januar 1980 kehrten immer mehr Eisenbahner ihrem Betrieb den Rücken. Zwar folgte im Sommer des gleichen Jahres eine Lohnerhöhung. Die für den Herbst 1980 geplanten Einschränkungen, z. B. Betriebsschluß schon gegen 21 Uhr, hätten zugleich aber deutliche Lohneinbußen verursacht.

Ab dem 17. September 1980 kam es deshalb zum Streik vieler West-Berliner Eisenbahner. Der S-Bahnverkehr war mit Ausnahme eines kurzen Zubringers auf der Stadtbahn zum Bahnhof Friedrichstraße eingestellt. Die Deutsche Reichsbahn reagierte mit fristlosen Kündigungen, Einsätzen der Bahnpolizei und verweigerte das Gespräch. Der Senat von Berlin (West) tat nichts. Nach einigen Tagen war der Streik vorbei, nun fehlten noch mehr Eisenbahner für den S-Bahnbetrieb. Die geplanten Betriebseinschränkungen wurden nochmals erweitert. Rund die Hälfte des West-Berliner S-Bahnnetzes von 145 Kilometern wurde nicht mehr befahren, von 78 Bahnhöfen blieben nur 38 in Betrieb. Am 28. September begann der nur noch eingeschränkte Verkehr. Auch auf der Wannseebahn ruhte der Fahrgastverkehr.

Sofern noch Personal verfügbar war, blieben die Bahnhöfe noch für kurze Zeit besetzt. Auch Kioske und Geschäfte in den Zugangsbereichen der Bahnhöfe blieben geöffnet. Dann begann die Deutsche

# Kindheits-Erinnerungen an die Wannseebahn

Von Hansjörg Beyer

**Wie Inseln ragen sie aus dem Dunkel des Vergessens hervor:
Erinnerungen an die Kindheit in den späten sechziger und in den siebziger Jahren.
Damals lebte ich in der Beuckestraße, unweit des Bahnhofs Zehlendorf …**

… Dort gab es Ende der sechziger Jahre noch Schienen-Güterverkehr und abgestellte Reisezugwagen, vermutlich für den Militärverkehr. Noch stärker ist mir eine nahegelegene Brücke der Wannseebahn in Erinnerung, die zu unterqueren mich immer eine ziemliche Überwindung kostete. Manchmal donnerten Züge über diese Brücke, wenn ich gerade unter ihr stand. Von Lärm und Vibration in Angst und Schrecken versetzt, machte ich um diesen unheilverheißenden Ort einen großen Bogen. Oft aber blieb die Brücke unerklärlich ruhig. Glück gehabt, kein Zug! Hinter der Unterführung im Gebüsch lag nur das alte Auto, ein dreirädriger Pritschenwagen, der – längst aufgegeben – seinem Ende entgegenrostete.

Die Erinnerung wird ab Beginn der siebziger Jahre klarer und zeigt immer wieder die Wannseebahn. Besonders häufig nutzte meine Familie die rot-gelben Züge für Fahrten in den Ostteil Berlins, um Verwandte zu besuchen, vor allem die Großeltern. Die Entspannungspolitik hatte den Eisernen Vorhang ein wenig geöffnet. Jede der S-Bahnfahrten begann oder endete zunächst am S-Bahnhof Zehlendorf. Hier verschluckte ein langer dunkler Gang die Familie und hüllte sie in den muffigen Geruch, der damals für die Berliner S-Bahn typisch war. Wenig war hier von der lockeren Atmosphäre der siebziger Jahre zu merken, als in West-Berlin nicht nur die Omnibusse in poppigen Farben die Stadt belebten. Dagegen wirkten die Pappfahrkarten der S-Bahn, die an der „Wanne" des Bahnhofs Zehlendorf gelocht wurden, wie Eintrittskarten zu einer anderen Welt, mit Zügen als Zeitmaschinen für Reisen in die Vergangenheit. Für mich zählte damals das Eisenbahnerlebnis an sich, so daß ich zuhause mit meinem Bruder „richtige Züge" aus Legosteinen baute, solche mit denen die „Amis" nach Lichterfelde West fuhren, mit Reichsbahn-Lok.

Auf den S-Bahnsteigen durften wir Kinder uns vor Fahrtantritt manchmal Wegzehrung aus einem Automaten ziehen. Für ein paar Groschen gab es die kleinen „Pez"-Packungen, Brausepulverbonbons mit Zitronengeschmack. Danach kam der ganz „normale" Streit um den Fensterplatz. – Leicht hatten es die Eltern nicht. Auch nicht mit meinen Fragen, die ich immer wieder stellte: Weshalb stehen am Bahnhof Lichterfelde West die merkwürdigen grünen Wagen? Dass diese „Cabooses" etwas mit den Amerikanern zu tun hatten, wollte mir als Kind nicht recht einleuchten, weil die doch mit Panzern auf dem Teltower Damm fuhren.

Oft endete die Fahrt mit der S-Bahn von Wannsee im Anhalter Bahnhof, wo in Richtung Friedrichstraße umgestiegen werden mußte. Weshalb aber war es auf diesem Bahnhof so dunkel, weshalb waren einige Treppen vergittert? Wohin führte nur dieser merkwürdige Gang? – Wie hätte ich gestaunt, wäre mir damals bekannt gewesen, dass der zugesperrte Weg viel, viel früher zu einem weltbekannten Fernbahnhof führte.

Auf der Wannseebahn gab es vieles, was ich mir als Kind nicht erklären konnte, zum Beispiel die alte Eisenbahnbrücke am Bahnhof Zehlendorf, über die nie ein Zug fuhr. Damals wußte ich nicht, daß darüber einst die Bankierzüge zum Potsdamer Platz fuhren. In Zehlendorf gab es noch eine weitere S-Bahn, die am Nachbarbahnsteig hielt. Ich wollte es genauer wissen und konnte meinen Vater zu einem Ausflug nach Düppel bewegen.

Ich wußte schon früh, daß man von Zehlendorf aus mit der S-Bahn auch in die andere Richtung fahren konnte, und daß es in Nikolassee zum anderen S-Bahnsteig den ganz langen Gang gab, der für die S-Bahn viel zu hell und zu freundlich schien. Sein Anblick löste jedesmal Freude aus, weil wir von dort zum Strandbad Wannsee liefen. Sogar bei dem einen oder anderen Schul-Wandertag wurde die Wannseebahn benutzt. Der S-Bahn-Boykott schien dafür kein Hindernis zu sein.

Alljährlich im Herbst lockte die Pilzzeit zu Fahrten mit der Wannseebahn. Nach unserem Umzug nach Buckow war sie für uns nur noch mit der U-Bahn zu erreichen. Der Kontrast zwischen den damals schicken neuen U-Bahnwagen und den betagten S-Bahnwagen war unübersehbar.

Was der Senat dann nach 1980 austüftelte – eine Wiederinbetriebnahme der Wannseebahn vielleicht ab 1990, möglicherweise als Magnetbahn – hatte für mich keinen Charme. Mit dieser Auffassung war ich nicht allein. 1983 fiel mir eine Ausgabe der Zeitschrift Signal in die Hände, sie übte scharfe Kritik an den Senatsplänen, die S-Bahn zur Schrumpfbahn zu machen.

1984, als der S-Bahnbetrieb in West-Berlin von der Deutschen Reichsbahn zu den Berliner Verkehrs-Betrieben wechselte, trat ich dem Fahrgastverband IGEB bei, in dem ich noch heute aktiv bin.

*S-Bahnhof Zehlendorf im September 1980. Foto: U. Dittfurth*

Reichsbahn das Personal gänzlich abzuziehen und die Bahnsteige bzw. Bahnhöfe zu sichern. Fenster wurden verblecht, Gitter an Aufgängen installiert. Signalanlagen, Fernmeldetechnik oder Fahrkartenautomaten demontiert. Ein Teil des Fahrzeugparks wurde ohne viel Aufsehen nach Ost-Berlin abgefahren. Langsam setzte der (häufig mutwillig herbeigeführte) Verfall ein. Und es begann sich bei der West-Berliner Bevölkerung die Erkenntnis durchzusetzen, daß man etwas verloren hatte.

Dennoch – auch nach dem sang- und klanglosen Ende des Fahrgastverkehrs auf der Wannseebahn blieb dort ein Gleis in Betrieb. Es war nötig, um die noch in Betrieb befindlichen Nord-Süd-Strecken nach Heiligensee und Frohnau, Lichtenrade und Lichterfelde Süd an das Betriebswerk in Wannsee und – über die Stadtbahn – an das Ausbesserungswerk in Schöneweide anzuschließen. Jeweils zu Betriebsbeginn und zu Betriebsende fuhren zwei Züge zwischen der S-Bahnwerkstatt in Wannsee und dem Anhalter Bahnhof. Die Stromschienen standen deshalb weiterhin unter Spannung; nur die Signale blieben jetzt ausgeschaltet, um die Leerfahrten zu beschleunigen und die Wartung zu vereinfachen. Die Bahnhöfe allerdings verfielen mit der Zeit, oder sie wurden zerstört …

*Nikolassee, 1980. Foto: M. Lange*

# 4. Stillstand und Erneuerung

## 4.1 Bürgerprotest und Stimmungsumschwung

*Auf der Wannseebahn, auf der Ringbahn sowie nach Spandau, Staaken und Gartenfeld war der Zugverkehr seit September 1980 eingestellt. – Viele merkten nun, daß bequeme Verbindungen fehlten, und der Verfall von Bahnhöfen und Anlagen wurde deutlicher wahrgenommen. Auch Politiker spürten den Stimmungsumschwung und ahnten, daß der S-Bahn-Boykott nun nicht mehr zeitgemäß war. Insbesondere entlang der Wannseebahn formierte sich der Bürgerprotest, sogar in Kirchengemeinden. Die S-Bahn war lokalpolitisches Dauerthema …*

**Die S-Bahn wird Wahlkampfthema**

Die sich zum Jahresende 1980 abzeichnende Neuwahl des Berliner Abgeordnetenhauses begünstigte die Lösung der S-Bahn-Frage. Nach dem Sturz des SPD/FDP-Senats unter Dietrich Stobbe zum Jahresbeginn 1981 konnten sich insbesondere die Sozialdemokraten von ihrer ablehnenden Haltung zur S-Bahnfrage lösen. Dr. Hans-Jochen Vogel, der neue Regierende Bürgermeister von Berlin (West), hatte sich als Oberbürgermeister in München mit dem raschen Ausbau von U- und S-Bahn zu den Olympischen Sommerspielen 1972 bundesweit einen Namen gemacht und war, als er 1981 in West-Berlin regierte, frei von jeglichen Frontstadt-Ressentiments gegen die S-Bahn. Nun waren (vordergründig) viele für die S-Bahn, nur der städtische Verkehrsbetrieb BVG, die Gewerkschaft Öffentliche Dienste, Transport und Verkehr (ÖTV) und die Tiefbauindustrie hielten weiterhin gegen. Noch im Wahlkampf, der West-Berlin schon ab Mai 1981 wieder einen neuen Senat bescheren sollte, wurde von Dr. Hans-Jochen Vogel eine S-Bahn-Kommission eingesetzt, die ein Konzept zur Integration der S-Bahn in das übrige Nahverkehrsnetz erarbeiten sollte.

Auch der folgende CDU-Senat (ab März 1983 CDU/FDP-Senat) unter dem Regierenden Bürgermeister Dr. Richard von Weizsäcker hielt am Ziel der S-Bahn-Integration fest.

***Ohne S-Bahn –*** *Der Bahnhof Großgörschenstraße im April 1981. Foto: IGEB-Archiv*

*Karikatur oben: Udo Dittfurth, 1984*

**Studien, Kommissionen und Konzepte**

Die Arbeit der Verkehrsplaner baute zunächst auf zwei grundlegenden Arbeiten der Berliner Verwaltung aus den Jahren 1974 und 1977 auf, die beide ein integriertes S- und U-Bahnnetz vorgeschlagen hatten. Die wichtigsten Vorschläge und Gutachten, die dann bis 1983 erarbeitet wurden und für viel Diskussionsstoff sorgten, waren:

**Januar 1981** – Wochenbericht des DIW; das Deutsche Institut für Wirtschaftsforschung nahm sich des Themas an und befürwortete die Integration der S-Bahn in das West-Berliner Nahverkehrsnetz als wirtschaftlich sinnvoll und machbar.

**Februar 1981** – IGEB-Studie Schnellbahnen in einem Verkehrsverbund; aus der Sicht von Bürgern und Fahrgästen erarbeitete die Interessengemeinschaft Eisenbahn und Nahverkehr Berlin ein Konzept für ein maximal auszubauendes S-Bahnnetz.

**Mai 1981** – Die Senatskommission unter Dr. Hans-Jochen Vogel, dem Regierenden Bürgermeister, schlug ein 131 Kilometer langes, eng mit der U-Bahn abgestimmtes S-Bahnnetz vor.

**Sommer 1981** – Die Senatskommission des neuen CDU-Senats, unter dem Regierenden Bürgermeister Dr. Richard v. Weizsäcker, ließ weiter planen und untersuchte vier verschiedene Netzvarianten.

**Dezember 1981** – In der IGEB-Nahverkehrskonzeption Berliner Schnellbahnen veröffentlichte die Interessengemeinschaft Eisenbahn detaillierte Vorschläge zur S-Bahn-Integration.

**1982/1983** – Studien an der TU Berlin; Untersuchung von unterschiedlichen Stufen des S-Bahnausbaus; im Ergebnis wurde ein an den äußeren Streckenenden beschnittenes S-Bahnnetz („S-min") empfohlen. Außerdem setzten sich zwei Diplomarbeiten an der Technischen Universität Berlin mit der S-Bahn auseinander und lieferten z. T. wichtige fachliche Argumente für „mehr S-Bahn".

**1982** – Konzepte der Senatsverwaltung für Stadtentwicklung und Umweltschutz; Die Arbeit der Senatskommission wurde weitergeführt, vorgesehen wurde ein in der Endausbaustufe 110 Kilometer langes Netz. Die Kernaussagen dieser Senats-Planung waren: Eine Sanierung des West-Berliner S-Bahnnetzes für rund 2,5 Milliarden D-Mark und die schrittweise Wiederinbetriebnahme einzelner Strecken erst zwischen 1990 und 2004. Durch die Konzepte der Senatsplaner geisterten auch Überlegungen für eine Magnetbahn, für U-Bahnzüge oder für spurgeführte Omnibusse auf den Trassen der S-Bahn.

**Bürgerinitiativen für die S-Bahn**

Die Bürger blieben während dieser Zeit stets „am Ball". Eine Reihe von Initiativen, unter anderem die Fahrgastinitiative Berlin, die Interessengemeinschaft

***Mit S-Bahn –*** *Parteiwerbung für die Neuwahlen zum Berliner Abgeordnetenhaus im Frühjahr 1981. Foto: J. Hartl*

Eisenbahn Berlin, die Bürgerinitiativen Westtangente und Spandauer Verkehrsbelange sowie Künstler und viele Mitglieder der Berliner Eisenbahnvereine intensivierten ihre Zusammenarbeit. Sie organisierten eine Reihe von Bürgerveranstaltungen mit erstaunlicher Resonanz in Öffentlichkeit und Presse:

**März 1981** – Bürgerforum, Rathaus Zehlendorf;

**Dezember 1981** – Nahverkehrstag am S-Bahnhof Lindenthaler Allee; Sammlung von 14 000 Unterschriften für die schnelle Wiederinbetriebnahme der S-Bahn;

**Juni 1981** – Nahverkehrstag in Spandau;

**November 1982** – Ausstellung zur Gesellschaftsgeschichte der Berliner S-Bahn in Berlin-Kreuzberg im Künstlerhaus Bethanien;

**Mai 1983** – Feier des 50. Jahrestages der Elektrifizierung der Wannseebahn unter der Schirmherrschaft des damaligen Umweltsenators Horst Vetter (FDP);

**September 1983** – S-Bahn-Tag der Berliner Verkehrsinitiativen vor dem Bahnhof Charlottenburg.

### 50 Jahre elektrische Wannseebahn

Die wichtigste Aktivität an der Wannseebahn war das Fest im Mai 1983. Gemeinsam mit anderen Bürgerinitiativen, Vereinen und einzelnen Parteien lud die Interessengemeinschaft Eisenbahn Berlin – heute der Berliner Fahrgastverband IGEB – zu einer Feier vor dem S-Bahnhof Lindenthaler Allee (heute Mexikoplatz) ein. Das „Fest" war vor allem als Mahnung gedacht. Die damals herausgegebene Festschrift umfaßte viele Vorworte: Der Regierende Bürgermeister, der Senator für Stadtentwicklung und die Bürgermeister der von der Wannseebahn durchquerten Bezirke kamen zu Wort. Einige Zitate, die wir nachstehend wiedergeben, zeigen die Erwartungen jener Tage. Viele Passagen erscheinen heute wie Botschaften aus einer vergangenen Welt. Was die „östliche Seite" damals von den Aktivitäten hielt, ist dem Faximile eines internen Schreibens zu entnehmen, mit dem die Führung der Deutschen Reichsbahn gegenüber dem DDR-Verkehrsministerium Position bezog …

**Dr. Richard von Weizsäcker**
**Regierender Bürgermeister von Berlin**

„Wie Sie wissen, hat sich der Senat für eine Integration der S-Bahn in den öffentlichen Personennahverkehr Berlins ausgesprochen … Die S-Bahn ist das einzige Gesamtberliner Verkehrssystem. Ihre Knotenpunkte im zentralen Bereich der Stadt zu erhalten, hält Berlins Mitte offen. Jeder Endpunkt der Linien bildet einen möglichen Übergang, solange die Teilung dauert, und einen Anknüpfungspunkt für eine zukünftige Wiederverbindung beider Stadthälften … Die S-Bahn-Integration ist ein komplexes Problem. Es gibt eine Vielfalt von Fragen verkehrlicher, finanzieller und politischer Natur zu lösen …"

**Horst Vetter**
**Senator für Stadtentwicklung und Umweltschutz**

„…Die Elektrifizierung der Wannseebahn vor einem halben Jahrhundert war eine der wichtigen Etappen der Entstehung und Entwicklung der S-Bahn. Mir ist es deshalb gleichermaßen Freude und Ehre, die Schirmherrschaft über die Jubiläumsveranstaltung der IGEB ‚50 Jahre Elektrifizierung der Wannseebahn' zu übernehmen."

**Jürgen Klemann**
**Bezirksbürgermeister von Berlin-Zehlendorf**

„Mit dem 50. Jahrestag des elektrischen Betriebs der Wannseebahn am 15. Mai 1983, auf den von der Interessengemeinschaft Eisenbahn Berlin e.V. in so engagierter Weise aufmerksam gemacht wurde, verbindet sich eine Situation, die eher Anlaß zur Sorge als Grund zum Feiern bietet. Trägt die im Herbst 1980 erfolgte weitgehende Stillegung des S-Bahnverkehrs doch dazu bei, daß der Verfall dieses Zehlendorfer Anschlusses noch schneller um sich greift als in den vorangegangenen Jahren …

Es ist … kein Wunder, daß ihre Stillegung durch die Reichsbahn zahlreiche Bürgerproteste auslöste und heute unstrittiges Ziel des Bezirks und auch des Senats ihre Reaktivierung … ist.

… Schließlich darf nicht unerwähnt bleiben, daß die um die S-Bahnhöfe gewachsene mittelständische Wirtschaft in Schwierigkeiten geraten ist. Ihre Kunden waren in erheblichem Ausmaß Fahrgäste der stillgelegten Bahn. Insofern erfordern auch wirtschaftsstrukturelle Überlegungen eine möglichst schnelle Lösung des Problems …"

**Helmut Rothacker**
**Bezirksbürgermeister von Berlin-Steglitz**

„Die Wannseebahn ist im Leben der Berliner verwurzelt. Seit nunmehr einem halben Jahrhundert verbindet diese Trasse den Citybereich mit den Erholungszentren in Zehlendorf … Eines jedoch muß bei aller Sympathie für den schienengebundenen Nahverkehr berücksichtigt bleiben: Wir dürfen nicht etwa die Nostalgie höher bewerten als die Ergebnisse kostenmäßiger Analysen …"

**Wilhelm Kabus**
**Bezirksbürgermeister von Berlin-Schöneberg**

„Die Reaktivierung der Berliner S-Bahn und ihre Einbindung in das öffentliche Personennahverkehrssystem der Stadt ist eine gewichtige Aufgabe, zu der sich alle politischen Parteien in unserer Stadt bekannt haben. Die zu lösenden Probleme sind nicht nur technischer und finanzieller Art. Alle Überlegungen tangieren direkt oder indirekt Statusfragen der Stadt. Verschiedene Überlegungen über eine künftige Betriebsform dieses wichtigen Nahverkehrsmittels müssen daher behutsam geprüft werden, um der Rechtssituation und der politischen Lage der Stadt insgesamt Rechnung zu tragen. Die finanzielle Situation der öffentlichen Hand hat zu der ernüchternden Feststellung geführt, daß Erneuerung und Einbindung der S-Bahn in den Verkehrsverbund der Stadt nur in kleinen Teilschritten vollzogen werden kann. Daher ist die Frage der Finanzierung der künftigen Betriebskosten von entscheidender Bedeutung ...

Der Interessengemeinschaft Eisenbahn Berlin e.V. und allen, die an dieser stadtpolitisch wichtigen Aufgabe arbeiten, wünsche ich die erforderliche Ausdauer und den notwendigen und gewünschten Erfolg im Interesse unserer Stadt und ihrer Bürger."

**Günter Funk**
**Bezirksbürgermeister von Berlin-Kreuzberg**

„... Wäre Zehlendorf ohne Anbindung an die Innenstadt mit den Orten der Regierung, des Handels, der Banken, der Wissenschaft, Kultur und Verwaltung je zu dieser noblen Villenstadt gewachsen? Und ist nicht heute Kreuzberg auch etwas in eine exotische Lage gedrängt, weil die Verbindung dahinsiechte? Die südliche Friedrichstadt mit dem Berlin-Museum, dem Hebbel-Theater und dem einstigen Kunstgewerbemuseum, dem Gropiusbau, ja, das Kulturforum am Tiergartenrand würden von einer schnellen, sauberen, sicheren, attraktiven Wannseebahn zum Anhalter Bahnhof profitieren. Wichtig aber für die Kreuzberger Bevölkerung wäre die Strecke mit Anbindung an die U-Bahn am Gleisdreieck, um abends nochmal schnell aus dem Dunst über dem ‚Steinernen Meer' in die klare Luft am Schlachtensee zu einem Abendspaziergang zu kommen ..."

**Gerhard J. Curth**
**Interessengemeinschaft Eisenbahn Berlin (IGEB) e.V.**

„... Warum ist dieses Jubiläum gerade heute so wichtig, wo doch die Blütezeit der Berliner S-Bahn schon viele Jahrzehnte zurückliegt, wo doch als Spätfolge des S-Bahn-Boykotts von 1961 die Wannseebahn seit Herbst 1980 nicht mehr verkehrt? Wenn wir nun

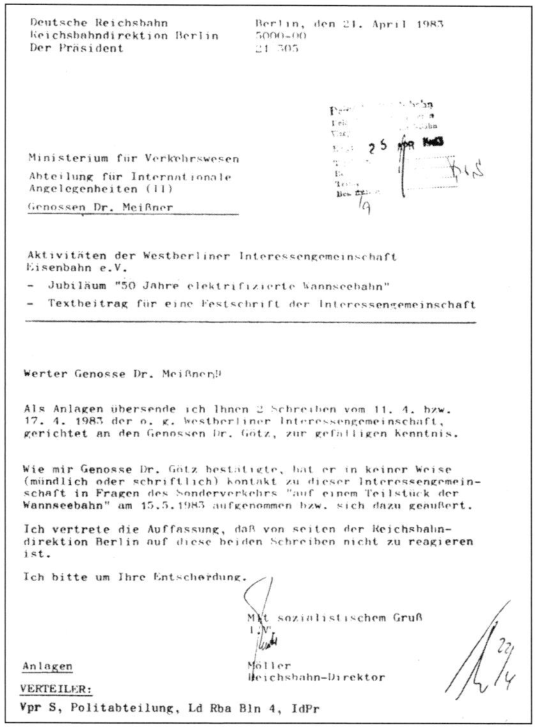

Deutsche Reichsbahn
Reichsbahndirektion Berlin
Der Präsident

Berlin, den 21. April 1983
5000-00
21 305

Ministerium für Verkehrswesen
Abteilung für Internationale Angelegenheiten (II)
Genossen Dr. Meißner

Aktivitäten der Westberliner Interessengemeinschaft Eisenbahn e.V.
- Jubiläum "50 Jahre elektrifizierte Wannseebahn"
- Textbeitrag für eine Festschrift der Interessengemeinschaft

Werter Genosse Dr. Meißner!

Als Anlagen übersende ich Ihnen 2 Schreiben vom 11. 4. bzw. 17. 4. 1983 der o. g. Westberliner Interessengemeinschaft, gerichtet an den Genossen Dr. Götz, zur gefälligen Kenntnis.

Wie mir Genosse Dr. Götz bestätigte, hat er in keiner Weise (mündlich oder schriftlich) Kontakt zu dieser Interessengemeinschaft in Fragen des Sonderverkehrs "auf einem Teilstück der Wannseebahn" am 15.5.1983 aufgenommen bzw. sich dazu geäußert.

Ich vertrete die Auffassung, daß von seiten der Reichsbahndirektion Berlin auf diese beiden Schreiben nicht zu reagieren ist.

Ich bitte um Ihre Entscheidung.

Mit sozialistischem Gruß
I.V.

Möller
Reichsbahn-Direktor

Anlagen

VERTEILER:
Vpr S, Politabteilung, Ld Rba Bln 4, IdPr

*Mitteilung an das Ministerium, April 1983*

*IGEB-Festschrift, Mai 1983*

***Zum Strandbad hier aussteigen?***
*Nikolassee, 1984 im Dornröschenschlaf – nicht nur auf diesem Wannseebahnhof schien die Zeit still zu stehen. Foto: Landesarchiv Berlin*

an dieses Ereignis erinnern, so tun wir dies nicht mit nostalgischem Blick und Tränen in den Augen, sondern wir begreifen dieses Jubiläum der Wannseebahn als eine Chance, die Weichen der Verkehrs- und stadtpolitischen Prozesse in unserer Stadt für eine Zukunft mit der S-Bahn zu stellen.

Die Bedingungen waren dafür noch nie günstiger als im Augenblick. Hat man doch die verkehrliche, stadtstrukturelle und deutschlandpolitische Bedeutung der S-Bahn für Berlin allseits wiedererkannt. ... Schließlich ist es endlich ins allgemeine Bewußtsein gelangt, daß eine befriedigende Lösung der S-Bahn-Frage auch zur weiteren Normalisierung der Beziehungen zwischen beiden deutschen Staaten beiträgt. Die hier vorliegende Jubiläumsschrift dokumentiert das bemerkenswerte Resultat fast dreijährigen Bürgerdrucks in Sachen S-Bahn, indem hier Bürger, Senat und politische Parteien gemeinsam die Notwendigkeit der schnellen S-Bahn-Reaktivierung dokumentieren."

**Das Schrumpfnetz 1983**

Aus Kostengründen wollte der West-Berliner Senat das S-Bahnnetz zunächst auf 40 Kilometer Streckenlänge begrenzen. Vorgesehen war der Betrieb der Strecken Friedrichstraße–Charlottenburg, Gleisdreieck–Wannsee und Gleisdreieck–Lichtenrade. Mit diesem „Netz" wollte der Senat im Sommer 1983 die Verhandlungen mit der Deutschen Reichsbahn aufnehmen.

Nach Zustimmung der Alliierten begannen ab Juli 1983 Sondierungsgespräche und ab Ende Oktober Fachverhandlungen. Die endlich – nach Jahren des Wartens, Vorschläge-Entwickelns, Öffentlichkeit-Schaffens – stattfindenden Verhandlungen wurden angesichts der Ausgangslage von vielen Befürwortern der S-Bahn mit erheblicher Skepsis hinsichtlich des Erfolgs erwartet. Kurz vor Weihnachten gab es dann endlich ein Resultat: Es wurde vereinbart, nicht die S-Bahn in Berlin (West) sondern deren Betrieb an eine vom Senat zu bestimmende Stelle zu über-

***Bahnhofsschild auf dem Omnibushof Zehlendorf, 1988***
*Für so manchen der Busfahrer standen die Dinge auf dem Kopf, als die BVG die S-Bahn im Westteil Berlins nach Jahrzehnten des Boykotts übernommen hatte. Foto: Archiv M. Lange*

geben. – Das städtische Verkehrsunternehmen BVG übernahm den Betrieb der S-Bahn im Westteil der Stadt am 9. Januar 1984, früh um 3 Uhr.

Nun hatte die S-Bahn im Westen der Stadt zwar wieder eine Zukunft, aber Züge fuhren jetzt nur noch auf zwei Streckenabschnitten: von Anhalter Bahnhof bis Lichtenrade und von Friedrichstraße bis Charlottenburg (Stadtbahn). Das waren nur 21,2 Streckenkilometer im Gegensatz zu den 72,6 Kilometern, die bis zum 8. Januar 1984 die Deutsche Reichbahn befahren hatte.

Während die beiden anfangs durch die BVG betriebenen S-Bahnstrecken die Linienbezeichnungen „S 2" und „S 3" erhielten, firmierte die Wannseebahn, obwohl zunächst noch ohne Fahrgastverkehr, schon als „S 1".

Nachdem die Ergebnisse der Verhandlungen bekannt waren, formierte sich breiter Protest. Mit mehreren „Abschiedsfahrten" demonstrierten Zigtausende zur Jahreswende 1984 sowie am letzten Betriebstag der Reichsbahn für die Beibehaltung des S-Bahnverkehrs bzw. für die rasche Wiederinbetriebnahme von Strecken.

Den deutlichen Bekenntnissen war es zu verdanken, daß ein „Einstiegsnetz" mit 71 Kilometern Streckenlänge realisiert wurde und der neue Regierende Bürgermeister Eberhard Diepgen zu Beginn seiner Arbeit Anfang 1984 die schnelle Wiederinbetriebnahme weiterer S-Bahnstrecken ankündigte:

- **für den 1. Mai 1984**
  Anhalter Bahnhof–Gesundbrunnen (S 2) und Charlottenburg–Wannsee (S 3);
- **für den 1. Oktober 1984**
  Gesundbrunnen–Frohnau (damals S 2) und schließlich
- **für den 1. Februar 1985**
  Anhalter Bahnhof–Wannsee (Wannseebahn, S 1).

Das Engagement vieler Bürger hatte sich, was die Wannseebahn anbetrifft, ausgezahlt.

# 4.2 Wiederinbetriebnahme und Modernisierung

*Anders als die bis zum 9. Januar 1984 noch von der Deutschen Reichsbahn betriebenen Strecken war die Wannseebahn seit 1980 dem stetigen Verfall preisgegeben.*

*Vandalismus und Schäden in Folge fehlender Nutzung hatten der Substanz von Strecke, Bahnhöfen und technischen Einrichtungen erheblich zugesetzt, so daß umfangreiche Baumaßnahmen unumgänglich waren – vor der Wiederinbetriebnahme und danach.*

**Die Baumaßnahmen 1984**

Schon im Frühjahr 1984 begann die damalige Senatsverwaltung für Bau- und Wohnungswesen als verantwortliche Behörde mit den Planungsvorbereitungen. Mit der Denkmalpflegebehörde waren die Arbeiten an den zum Teil hochwertigen Bahnhofsbauten abzustimmen. Anders als bisher bei der U-Bahn üblich, wurden nun auch renommierte freie Architekten mit in die Planung einbezogen.

Für die Stationen Zehlendorf und Lindenthaler Allee (heute Mexikoplatz) zeichnete Jan Rave verantwortlich, für Sundgauer Straße Jürgen Sawade, für Botanischer Garten und Nikolassee wurde die Architektengemeinschaft Pitz/Brenne beauftragt. Die umfangreichsten Aufgaben hatten Frowein und Spangenberg mit Feuerbachstraße und Lichterfelde West vor sich. An den übrigen Stationen wurden die Arbeiten von der BVG, von der Verwaltung des ehemaligen Reichsbahnvermögens (VdeR) oder von den Denkmalpflegebehörden selbst geplant. Für die Bahnsteige war i. d. R. die BVG allein verantwortlich.

Daß es dabei auch manche, von außen nicht wahrnehmbare Konflikte zwischen den Belangen des Betriebes und des Denkmalschutzes gab, muß hier nicht verschwiegen werden. Ein Beispiel ist die stets beliebte Frage der Beleuchtung. Ästethik, Ökonomie

**Wannseebahn-Lied**

***Uraufführung auf dem Bahnhof Lindenthaler Allee am 1. Februar 1985***

*Die Fahrt der Wiedereröffnungszüge in Zehlendorf. Foto vom 2. Februar 1985: Archiv M. Lange*

***Das Wannseebahn-Lied (2 min 50), Paul Plückhahn und Klaus Wüsthoff (Gesang) mit Orchester und Chor***

*Die CD ist für 5,– € (zzgl. 1,– € Versand) erhältlich: Sekretariat Klaus Wüsthoff, Fax (030) 60 08 27 10, E-Mail: sekretariat.klaus.wuesthoff@t-online.de*

und Vorschriften scheinen hier in einem latenten Spannungsverhältnis zu stehen. Jan Rave äußert sich – aus Sicht des Architekten – in der Dokumentation über den Bahnhof Lindenthaler Allee mit klaren Worten über umstrittene Entscheidungen: „... als es Anfang 1986 weitere technische Schwierigkeiten gab, ersetzte die VdeR in Absprache mit der BVG, aber ohne Einwilligung oder auch nur Information der Architekten oder des Landeskonservators, die formschönen Leuchten durch eine häßliche Mißgeburt des Lampendesigns. Seit über einem halben Jahr bemühen wir uns nun vergeblich, die Verantwortlichen zu einer Lösung des Problems und zur Revision dieses für sie selbst schändlichen Ergebnisses zu bewegen; ob es noch gelingt, ist ungewiß."

*BVG-Werbeplakat um 1986*

**Frische Farbe allein reichte nicht**

Bald zeigte sich, daß vieles erneuert werden mußte und es nur mit neuer Farbe nicht getan war:

- Durchgängig mußten die Holzeindeckungen der Bahnsteigdächer erneuert und die Stützen saniert werden.
- Die Diensträume und viele der übrigen Räumlichkeiten entsprachen nicht mehr den Anforderungen an moderne Arbeitsplätze.
- Die Zugänge und Tunnel waren instandzusetzen (z. B. durch neue Verglasung, Reparatur der Treppenstufen, Abdichtungen gegen Feuchtigkeit).
- Bahnsteigkanten mußten erneuert, die Pflasterung ausgebessert oder neu verlegt werden.
- Die Leitungsnetze waren zu erneuern.
- Die Empfangsgebäude mußten für betriebliche Zwecke oder als Objekte für Wohn- bzw. Gewerbenutzung saniert werden.
- Brücken, Gleisanlagen, Signaltechnik und Stromversorgung waren für zukünftige Aufgaben vielfach nicht mehr tauglich.
- Häufig zeigte sich der wahre Umfang der Schäden erst bei der gründlichen Bestandsaufnahme bzw. bei den Bauarbeiten selbst.

***Zweiter Zugang für den S-Bahnhof Steglitz, erste Ausbaustufe***

*Aus: Berlin baut Nr. 3, Berlin 1987*

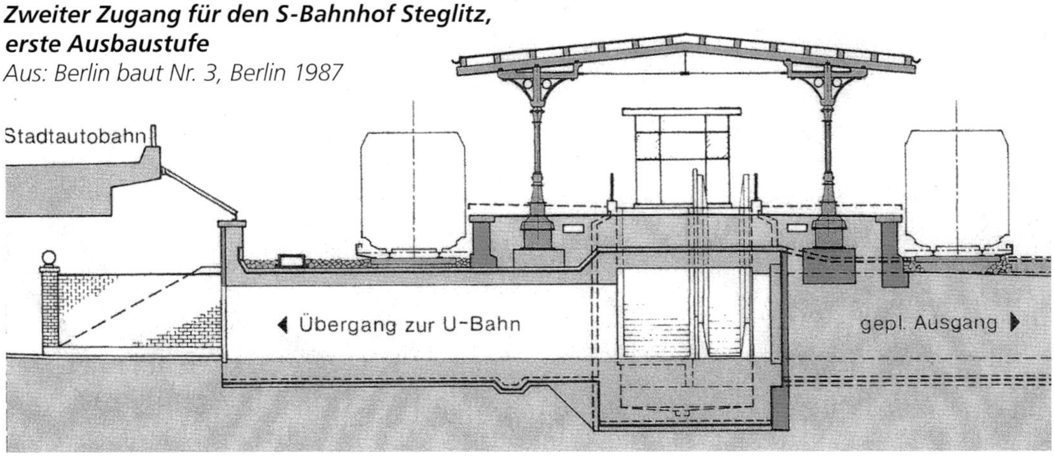

***Es war jetzt „seine“ S-Bahn.***
*BVG-Chef Joachim Piefke vor dem ersten bei der Waggon-Union hauptuntersuchten Zug der Baureihe 275. Bahnhof Großgörschenstraße am 29. August 1984 – Foto und Bildunterschrift: J. Busse*

Die Bahnhofsgebäude in Zehlendorf und Feuerbachstraße waren in so schlechtem Bauzustand, daß man sich zum Abriß entschloß. Während Feuerbachstraße unter Beachtung denkmalpflegerischer Anforderungen wieder aufgebaut wurde, entstand in Zehlendorf eine neue Zugangssituation: Der frühere Bahnsteigzugang wurde zum öffentlichem Durchgang, an dem eine kleine Fahrkartenausgabe angeordnet wurde. Zehlendorf erhielt zugleich auf dem ehemaligen Güterbahnhof eine Bahnmeisterei zum Unterhalt der S-Bahn-Gleisanlagen. Dafür wurde der alte Güterschuppen renoviert.

Das ehemalige Empfangsgebäude in Lichterfelde West wurde für soziokulturelle Zwecke umgestaltet, der in den sechziger Jahren ausgebrannte Gebäudeteil wiedererrichtet.

In Steglitz entstand näher zum Steglitzer Kreisel ein zweiter Bahnsteigzugang, auch um den Umsteigeweg zur U-Bahnlinie U9 zu verkürzen. Die späteren Ausbaumaßnahmen wurden vorbereitet.

Dagegen verzichtete man in Schöneberg zunächst auf die Sanierung der Ringbahnhalle. Sie wurde erst in Zusammenhang mit den Wiederaufbauarbeiten am Südring ab 1989 erneuert. Dabei waren der Bahnsteig komplett neu zu errichten und die Brükkensetzungen bis zu 17 Zentimetern zu beseitigen.

Der Ausbau des S-Bahn-Betriebswerkes Wannsee als zentraler Wartungsstandort für das zunächst geplante 71-Kilometer-Netz wurde vorbereitet und zwischen 1985 und 1987 durchgeführt.

Damit war die Wannseebahn für die kommenden Jahre schnell wieder betriebsfähig gemacht. Insbesondere die erneuerten Bahnhöfe, ihre Empfangsgebäude, Zugangsbauwerke und Bahnsteige waren nun wieder architektonische Kleinode in der Berliner Stadt- und Verkehrslandschaft.

Die Arbeiten konnten so abgeschlossen werden, daß der Eröffnungstermin am 1. Februar 1985 eingehalten werden konnte, der offensichtlich auch mit Blick auf die Abgeordnetenhauswahl am 10. März 1985 festgelegt worden war. Mehrkosten durch teuren Winterbau (teils unter Zelten) und Bauschäden fielen dabei nicht ins Gewicht. Leider hatte man auch keine Vorsorge dafür getroffen,

## Sanierung 1999 bis 2003

Von Ehrenfried Welzer

Nach rund 15 Jahren Betrieb entschieden sich die Deutsche Bahn AG und die S-Bahn Berlin GmbH zu einer gründlichen Modernisierung der Anlagen: Zwischen 1999 und 2003 wurde die gesamte Wannseebahn grunderneuert. Die Sanierung wurde im Rahmen von Totalsperrungen in den folgenden Abschnitten ausgeführt:

- Rathaus Steglitz – Zehlendorf 6. 4. – 30. 4. 1999
- Anhalter Bhf. – Schöneberg 29. 7. – 7. 9. 2000
- Sundgauer Straße – Steglitz 28. 5. – 20. 8. 2001
- Steglitz – Anhalter Bahnhof 9. 7. – 20. 8. 2001
- Zehlendorf – Wannsee 19. 8. 2002 – 17. 2. 2003

Dieser Ablauf wurde gewählt, um alle erforderlichen Baumaßnahmen möglichst kompakt durchführen zu können. Dafür war es notwendig, für die stillgelegten Abschnitte jeweils umfangreich Schienenersatzverkehr einzurichten. Auf den weiterhin befahrenen Abschnitten mußte der Betrieb den vorhandenen Infrastrukturmöglichkeiten – sprich Gleisanlagen und Weichen – angepaßt werden.

Bei den Baumaßnahmen wurde der Abstand von Gleismitte zu Gleismitte, ursprünglich meist 3,5 Meter, auf 3,8 bis 4 Meter verändert, um bei künftigen Bauarbeiten nur ein Streckengleis sperren zu müssen. Die Gleise erhielten durchgängig Betonschwellen. Durch den Einbau einer größeren Zahl an Weichentrapezen kann zukünftig besser auf Störungen und Baumaßnahmen regiert werden. Die Gleiswechsel befinden sich:

- südlich Yorckstraße (Großgörschenstraße)
- nördlich und südlich Schöneberg
- südlich Frohnau
- nördlich Botanischer Garten
- nördlich Zehlendorf
- westlich Schlachtensee.

Ein dichter Signalabstand erlaubt endlich einen 5-Minuten-Takt, der seit dem Frühjahr 2003 in den Hauptverkehrszeiten auf dem Abschnitt zwischen der Innenstadt und Zehlendorf auch angeboten wird. Insgesamt 43 Weichen und 109 Signale wurden an die nun zuständigen zwei elektronischen Stellwerke, beide in der Betriebszentrale nahe dem S-Bahnhof Westkreuz, angeschlossen. Die erlaubte Höchstgeschwindigkeit beträgt jetzt 100 km/h.

einen dichteren als den 10-Minuten-Takt anbieten zu können – die Gleisanlagen und insbesondere das Signalsystem ließen mehr nicht zu.

### Die Baumaßnahmen nach 1985

Mit der Wiedereröffnung der Wannseebahn waren die Baumaßnahmen keineswegs beendet. Weitere Erneuerungen und Ausbauten folgten.

Die für die Fahrgäste spürbarste Maßnahme war der 1988/89 durchgeführte Neubau der Brücke über die Albrechtstraße am S-Bahnhof Steglitz, verbunden mit der Höherlegung der Gleise und des Bahnsteigs. Mit der zweiten Ausbaustufe erweiterte man jetzt den südlichen Zugang zur östlichen Bahnsteigseite; vom ebenfalls verlängerten U-Bahntunnel Richtung Lankwitz hatten die Fahrgäste allerdings wenig.

Senat und BVG investierten auch in die Erneuerung bzw. Verstärkung der Stromversorgung durch neue Unterwerke in Steglitz (am Bahnsteigende) und nahe Mexikoplatz. Der Hintergrund dessen: Die neuen Züge der Baureihe 480 verbrauchen beim Anfahren erheblich mehr Strom als die alten.

*S-Bahn am Steglitzer Kreisel. Foto, 2002: U. Dittfurth*

Ebenfalls ein positiver Effekt für die Fahrgäste ist der Einbau von Aufzügen an den Bahnhöfen Mexikoplatz, Schlachtensee und Nikolassee. Im Jahr 2004 haben nur die Stationen Friedenau und Yorckstraße keine rollstuhlgerechten Zugänge; auch bei diesen Stationen müssen die Aufzüge noch folgen!

# 5. Ausblick

*Auch künftig ist der Schienennahverkehr der fortschreitenden Stadtentwicklung anzupassen. Ähnlich wie die Wannseebahn früher Wegbereiterin der räumlichen Entwicklung war, könnte sie es auch heute und morgen sein. Dazu bedarf es der flexiblen Nutzung ihrer Anbindungen: einerseits an die geplante S21 am Bahnhof Kolonnenstraße, andererseits an die Stammbahn im Südwesten Berlins.*

### Kolonnenstraße und S21

Am 16. und 17. November 1987 tagte das Preisgericht, um unter den 55 eingereichten Arbeiten den Entwurf für den neuen S-Bahnhof auszuwählen. Nach rund 22 Stunden stand Mario Maedebach als Sieger fest. 1988 sollte die Station Kolonnenstraße, nun nicht mehr (wie bis 1944) an den Ringgleisen, sondern an den Wannseegleisen gelegen, in Betrieb gehen. Angesichts der dicht bebauten Gebiete beiderseits der S-Bahntrasse und der Umsteigemöglichkeiten zum Omnibus auf der Julius-Leber-Brücke wäre der Verkehrserfolg garantiert gewesen. Jahrzehnte danach warten die Schöneberger noch immer. Warum?

Neben der Kernfrage der Bezahlung der Kosten stand auch die Frage der Verknüpfung mit der Ringbahn und der Führung zum Bahnhof Gleisdreieck seitdem immer wieder neu zur Disposition. Die veränderten Prioritäten nach 1989 und die wechselnden Verantwortlichkeiten für Planung, Finanzierung und Betrieb taten ein übriges.

Mit der als „S21" geplanten zweiten Nord-Süd-Verbindung der S-Bahn zwischen Nordring und Südring besteht die Option, die Wannseebahn über Kolonnenstraße zum geplanten Umsteigebahnhof Gleisdreieck (U-Bahn U1 und U2) zu führen, und weiter zum Lehrter Bahnhof. Derzeit ist allerdings nur der nördliche Teil der S21 vom Nordring nach „Berlin Hauptbahnhof – Lehrter Bahnhof" in Bau. Ein zweiter Schritt wäre die Verlängerung der S21 vom Lehrter Bahnhof bis Potsdamer Platz, ehe in einem dritten Schritt der Streckenteil Potsdamer Platz–Gleisdreieck–Kolonnenstraße konkret wird.

### Die Stammbahn

Der Vorortverkehr auf den zwischen Zehlendorf und Yorckstraße parallel zur Wannseebahn liegenden Gleisen der Stammbahn war schon früher eine wichtige Ergänzung der Wannseebahn. Mit den legendären Bankierzügen stellte der Verkehr die schnellstmögliche Verbindung aus dem vornehmen Zehlendorf in die Innenstadt dar. Die Dampfzüge des Vorortverkehrs über Zehlendorf, Düppel und Potsdam nach Werder verbanden die Metropole mit den Ausflugsgegenden der Berliner.

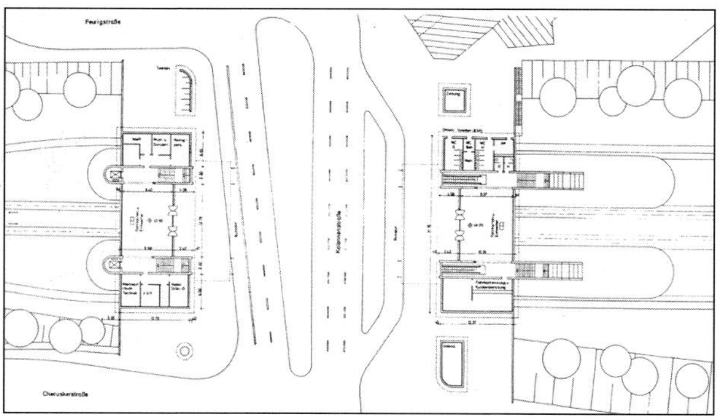

***S-Bahnhof Kolonnenstraße mit zwei Bahnsteigen***
*Entwurf und Planungsstand 1987, Büro Maedebach, Archiv S-Bahn-Museum*

***Kolonnenstraße, Blick von der Julius-Leber- zur Langenscheidtbrücke***
*Rechts im Bild die Reste des Bahnsteigs an der ehemaligen Südring-Spitzkehre. Foto: Archiv S-Bahn-Museum*

Der Wiederaufbau der Stammbahn als Regionalbahn ist ein Wunsch der Deutschen Bahn AG und vieler Bewohner im Südosten der Stadt und der angrenzenden Gemeinden. Stationen sind vorgesehen in Schöneberg, Steglitz, Zehlendorf, Düppel-Kleinmachnow und Dreilinden-Europarc. Die Stammbahn wäre eine wichtige Ergänzung der S 1 und des Berliner Regionalbahnsystems – hätte sie diese Halte.

Wichtige finanzielle Vorleistungen in Höhe von etwa 30 Millionen Euro sind am Gleisdreick bereits erbracht. Die Finanzierung der Gesamtmaßnahme ist aber nicht gesichert, trotz einer Reduzierung der geplanten Höchstgeschwindigkeit von 160 auf 120 km/h und der Planung einer weitgehend eingleisigen Strecke (ohne Verzicht auf die Zugfrequenz von 36 Zugpaaren täglich!). Die geschätzten Baukosten belaufen sich immerhin auf rund 160 Millionen Euro. Noch schwieriger könnte es werden, später die Kosten für den laufenden Betrieb dauerhaft zu finanzieren. Die für die Bestellung des Regionalverkehrs verantwortlichen Länder Brandenburg und Berlin sind bekanntermaßen beide knapp bei Kasse. Es bleibt also zunächst die Hoffnung, daß nach der Inbetriebnahme des Nord-Süd-Fernbahntunnels der betriebliche Bedarf wächst und wieder Finanzmittel zur Verfügung stehen.

Bislang offiziell nicht untersucht wurde die Möglichkeit, die für den 5-Minuten-Takt ausgebaute Wannseebahn im S-Bahn-Gleichstromverkehr zumindest bis zum expandierenden Düppel-Kleinmachnow zu verlängern (wie bereits Ende der zwanziger Jahre geplant). Die Ausfädelung der Gleise in Zehlendorf wäre – auch bei Kreuzung des dortigen Güterverkehrsgleises – niveaugleich möglich. Die Strecke könnte – einen 20- bzw. 10-Minuten-Takt vorausgesetzt – weitgehend eingleisig ausgeführt werden. Die beiden Bahnübergänge an Clauertstraße und Idsteiner Weg sind verkehrlich wenig belastet; in Düppel könnten die Gleise vor der Benschallee enden. Bei guten Zugängen für Fußgänger und einer entsprechende Ausrichtung des Busnetzes würde die Qualität des öffentlichen Nahverkehrs in diesem Raum wesentlich verbessert werden, der durch die Ländergrenze bedingt, viel zu wünschen übrig läßt. Allerdings ist das Finanzierungsproblem für ein derartiges Konzept eventuell schwieriger zu lösen. Darüber hinaus wäre dann eine Einbindung in das Regionalbahnnetz, d. h. die Durchbindung bis nach Griebnitzsee, wohl endgültig zu den Akten gelegt.

***Abgeschnitten – die Stammbahn in Zehlendorf***
*Foto: Archiv S-Bahn-Museum*

***Auf der Trasse der künftigen S21 –***
*Das provisorisch errichtete Parkhaus für den Autoverkehr am Potsdamer Platz. Foto: Archiv S-Bahn-Museum*

## Alles hat ein Ende, nur die Wurst hat zwei!

**Das Sprichwort ist falsch. Die vermeintliche Volksweisheit entpuppt sich als Binsenweisheit, denn außer für Fleischwaren gilt sie für Eisenbahnstrecken genauso. Was die Wannseebahn anbetrifft, so liegt das eine Ende der Strecke heute unzweifelhaft in Wannsee. Wo aber liegt das andere?**

In einem sicherungstechnischen Lageplan von 1999 ist der Kilometerwechsel mit km 7,6 + 31,52 m = 3,2 km + 52,80 m angegeben, wobei sich die erste Angabe auf die Nordsüd-S-Bahn (Streckennummer der Deutschen Bahn 6032; bei der S-Bahn von Oranienburg bis Wannsee durchgehend unter 540) und die zweite auf die Wannseebahn (6033) bezieht. Die Karte der Reichsbahndirektion Berlin von 1943 verzeichnet statt dessen km 7,6 + 77,60 m NS = 3,3 km W, was einen anderen Ort angibt und eine Abweichung von 112 Zentimetern bedeuten würde. Allein anhand solcher Kartierungen den heutigen Beginn der Wannseebahn exakt festzulegen zu wollen, wäre eine eher akademische Vorgehensweise. Baulich beginnt die Wannseebahn exakt an der Stelle, an der die Rampe des Wannseebahntunnels endet oder dort, wo der Bogen der aus dem Tunnel führenden Bahnachse endet. Im Lageplan von 1999 ist der Kilometerwechsel an genau der Stelle vermerkt, an der sich der Gleismittenabstand der beiden Wannseebahngleise vor dem Bahnhof Schöneberg zu vergrößern beginnt.

Die Fernbahn hat eine eigene Kilometrierung, was die Zusätze F bzw. W in der Karte von 1943 zeigen. Dies läßt vermuten, daß die Alte Wannseebahn beim Bau der Neuen neu vermessen wurde. Der Wannseebahnhof in Berlin hatte noch nicht existiert, als die Alte Wannseebahn gebaut wurde.

**Die Redaktion wünscht gut gespeist zu haben!**

# Literatur


**Balke, H.:** Kurzschlußsicheres Leistungsschütz für elektrische Gleichstrom-Fahrzeuge. In: AEG-Mitteilungen, 1935

**Berliner Lokalanzeiger** 29.9.1931, 25.11.1931, 2.12.1932

**Berliner Morgenpost** 15.1.1933, 5.5.1933

**Berliner S-Bahn-Museum:** Strecke ohne Ende. Die Berliner Ringbahn. Berlin 2000

**Berliner S-Bahn-Museum:** Nord-Süd-Bahn. Vom Geistertunnel zur City-S-Bahn. Die Flutung des Berliner S-Bahn-Tunnels in den letzten Kriegstagen. Berlin, 1999

**Berliner S-Bahn-Museum, Bürgerinitiative Stammbahn:** Die Stammbahn – Aufbau – Teilung – Zukunft. Berlin, 2001

**Bley, P.:** Berliner S-Bahn. Düsseldorf, 1988

**Bley, P.:** 150 Jahre Eisenbahn Berlin–Potsdam. Düsseldorf, 1988

**Breuer, M., Dähnick, E.:** Die neuen Wagen der Berliner Stadtbahn. In: Verkehrstechnische Woche, 1936

**Breuer, M., Lichtenfeld:** Neue Triebwagen für die Berliner S-Bahn. Probezüge 1934/35. In: Elektrische Bahnen, 1935

**Dähnick, E.:** Die Fahrzeuge der Berliner Stadt-, Ring- und Vorortbahnen. In: Glasers Annalen, 1938

**Deutsche Reichsbahn-Gesellschaft:** Beschreibung der Sondereinrichtungen und der Bauartunterschiede der Triebwagenzüge, Lieferung 1932 (Wannseebahn), gültig ab 1. April 1933.

**Deutsche Reichsbahn-Gesellschaft:** Allgemeine Dienstanweisung für die Reichsbahnbeamten, 1938

**Deutscher Bahnkunden-Verband, Regionalverband Potsdam-Mittelmark (Hrsg.):** 125 Jahre Bahnhof am Griebnitzsee. Berlin, 1999

**Dönges, F. H.:** 10 Jahre elektrischer Zugbetrieb auf der Berliner S-Bahn. In: Verkehrstechnische Woche, 1938

**Freyss:** Das neue Signalbuch. In: Die Reichsbahn, 1935

**Gläsel:** Die mechanische Fahrsperre auf den Berliner Stadt-, Ring- und Vorortstrecken. In: Organ für die Fortschritte des Eisenbahnwesens, 1930

**Heimann, M., Hansen, H.:** Die Gleichstrom-S-Bahn in Hamburg. Hamburg, 1989

**Historische Kommission zu Berlin (Hrsg.):** Geschichtslandschaft Berlin. Orte und Ereignisse. Band 4, Zehlendorf. Berlin, 1992

**Historische S-Bahn Berlin (Hrsg.):** Züge der Berliner S-Bahn. Die eleganten Rundköpfe. Berlin, 2003

**Hülsenkamp, F.:** 10 Jahre elektrischer S-Bahnbetrieb in Berlin. In: Verkehrstechnische Woche, 1938

**Informationszentrum Berlin (Hrsg.):** Berlin im Überblick. Berlin, 1987

**Interessengemeinschaft Eisenbahn und Nahverkehr Berlin (IGEB):** Elektrifizierte Wannseebahn, 15. Mai 1933 bis 1983. Festschrift. Berlin, 1983

**Krebs, D., Stahr, H. (Hrsg.):** Berlin 1932. Das letzte Jahr der Weimarer Republik. Berlin, 1992

**Kuhlmann, B.:** Bahnknoten Berlin. Die Entstehung des Berliner Eisenbahnnetzes seit 1838. Berlin, 2000

**Handke, Stefan:** Die Eisenbahn Berlin–Potsdam. Die Wannseebahn. Berlin, 1988

**Heimatverein für den Bezirk Zehlendorf:** 150 Jahre erste Preußische Eisenbahn. Berlin 1988

**Landesdenkmalamt Berlin (Hrsg.):** Denkmale in Berlin. Bezirk Schöneberg. Ortsteil Friedenau. Berlin, 2000

**Max, P., Gummer, U.:** Elektrische Neuentwicklungen am Triebwagen-Schnellzug 1934. In: Siemens-Zeitschrift, 1935

**Meyer-Kronthaler, Kramer, W.:** Berlins S-Bahnhöfe. Ein dreiviertel Jahrhundert. Berlin, 1998

**Posener, J.:** Berlin. Gründung der Gartenvororte. In: Vorlesungen zur Geschichte der Neuen Architektur (IV). Soziale und bautechnische Entwicklungen im 19. Jahrhundert. Aachen, 1982

**Rach, H.-J.:** Die Dörfer in Berlin. Berlin, 1988/1990

**Reichardt, H. D.:** Berliner S-Bahn. Düsseldorf, 1974

**Ribbe, W. (Hrsg.):** Geschichte Berlins. München, 1987

**Remy, Dr. Ing.:** Die Elektrisierung der Wannseebahn in ihrer baulichen, wirtschaftlichen und städtebaulichen Bedeutung. In: Verkehrstechnische Woche, 1933

**Remy, Dr. Ing.:** Der Berliner Wannseebahn zum 15. Mai 1933. In: Zeitung des Vereins Mitteleuropäischer Eisenbahnverwaltungen, 1933

**Ruhsam, Ch.:** Wechselstrom-Triebwagen. In: Siemens-Zeitschrift, 1935

**Schieb, A.:** Zur Eröffnung des elektrischen Betriebes auf der Berliner Wannseebahn. In: Zeitschrift des Vereins Deutscher Ingenieure, 1933

**Schipporeit, R.:** Berlin–Potsdamer Eisenbahn. Bau, Technik, Betrieb. Berlin, 1988

**Schmitt. H.:** Vom Betrieb der Berliner S-Bahn. In: Elektrische Bahnen, 1934

**Schnappauff, L.:** Zehlendorf – der grüne Bezirk. Berlin, 1957

**Schulz-Hohenhaus, E.:** Neue Züge für die Berliner S-Bahn. In: Zeitschrift des Vereins Deutscher Ingenieure, 1936

**Senator für Bau- und Wohnungswesen:** Berlin baut. Nr. 3. S- und U-Bahnanlagen. Berlin, 1987

**Steglitzer Lokalanzeiger** 21./22. September 1879

**Strowitzki, B.:** S-Bahn Berlin. Geschichte(n) für unterwegs. Berlin, 2004

**Trumpa, K.:** Zehlendorf – gestern und heute. Berlin, 1983

**Walinowski, M.:** S-Bw Wannsee. Betriebswerkstatt im Grünen. Berlin, 2000

**Wechmann, W.:** Die Einführung des elektrischen Zugbetriebes auf der Berliner Stadt- und Ringbahn nebst den anschließenden Vorortstrecken. In: Elektrische Bahnen, 1926

**Akten des Landesarchivs Berlin** 1929 bis 1942

**Architektonisches Skizzenbuch** 1876

**Elektrische Bahnen** Jahrgänge 1928 bis 1933

**Die Reichsbahn** Jahrgänge 1928 bis 1933

**Waggon- und Lokomotivbau** Jahrgang 1931

**Arbeitsgemeinschaft Märkische Kleinbahn e.V.**

**Die 1981 gegründete Arbeitsgemeinschaft erhält und präsentiert historisch bedeutsame Exponate der Eisenbahntechnik.**

Es erwarten Sie

- zahlreiche Eisenbahnfahrzeuge,
- eine signaltechnische Sammlung (Lehrstellwerk),
- unsere Fahrkartendruckerei sowie
- eine Ausstellung zur Geschichte der Goerzbahn.
- Im Rahmen von Veranstaltungen kann der Fahrbetrieb auf der Anschlußbahn erlebt werden.

**Postanschrift: AG Märkische Kleinbahn, Raduhner Str. 31, 12355 Berlin**
**Betriebswerkstatt Schönow: Goerzallee 313, Berlin-Lichterfelde**
**Internet: www.mkb-berlin.de**

**Die Betriebswerkstatt Schönow ist von April bis Oktober sonnabends ab 11 Uhr geöffnet.**

# Historische S-Bahn e.V.

*Unser Flaggschiff: der 167er (3839/6401 + ET/EB 167 072)*

**80 Jahre rollende S-Bahngeschichte**
Erleben Sie Sonderfahrten in historischen Zügen, während Berlin & seine Geschichte am Fenster vorbeizieht.

**Kommen Sie auf unsere Fahrzeugausstellungen** und staunen Sie! Historische S-Bahn e.V. bewahrt mehr als S-Bahnwagen auf und dokumentiert damit die wechselvolle Geschichte: vom ersten Serienzug der Bauart Bernau (1925) über die legendären „Stadtbahner" (1927–31), die schnellen Bankierwagen (1935), die elegante Baureihe 167 (1938), die Stadtbahner im Aussehen der 50er und 60er Jahre, den DDR-Prototyp der Baureihe 270 (1979), den „Peenemünder" (1942) im Erscheinungsbild der letzten DDR-Tage oder den „Nietenreko" (1928, 90er Jahre).

**Ob Oster- oder Weihnachtszug, ob moderierte Stadtrundfahrt oder Chartereinsatz für Unternehmen und private Anlässe:** Die Schaffner, Souvenir- und Kuchenverkäufer des Vereins Historische S-Bahn unterstützen die S-Bahn Berlin GmbH beim Erhalt der betriebsfähigen Wagen.

**Wenn Sie handwerklich geschickt sind:** Unsere Abteilung Fahrzeugtechnik erwartet Sie gern. Oder unterstützen Sie uns als förderndes Mitglied. **Spenden sind uns willkommen!**

Veranstaltungstermine, Fahrzeiten und mehr über unseren Verein erfahren Sie auf der **Internetseite www.hisb.de** oder in der **Geschäftsstelle.**

**Geschäftsstelle**
S-Bahnhof Berlin-Köpenick, auf dem Bahnsteig

**Öffnungszeiten**
Dienstag und Donnerstag, 17 bis 20 Uhr

**Telefon & Telefax**
(030) 29 71 70 50

**E-Mail**
geschaeftsstelle@hisb.de

**Internet**
www.hisb.de

**Unsere Vereinsanschrift**
Historische S-Bahn e.V.
PF 580 444, 10414 Berlin

*Typische Berliner Schnauzen zeigen die Geschichte (v. l.): Stadtbahner ET 165 471, „Nietenreko" 476 002-1, Peenemünder 276 070-0, Peenemünder 877 603-1, „Jumbo" 478 701-6*

# Bücher aus dem Verlag **GVE**

Bernhard Strowitzki
Geschichte(n) für unterwegs
**S-Bahn Berlin**
288 Seiten, 178 s/w-Abbildungen,
12x20 cm, kart., Berlin 2002 **ISBN 3-89218-073-3** **€ 12,80**

Berliner S-Bahn-Museum (Hrsg.)
**S-Bw Wannsee.** Betriebswerkstatt in Grünen
160 Seiten, ca. 180 s/w-Abbildungen,
B5, kartoniert, Berlin 2000 **ISBN 3-89218-063-6** **€ 10,12**

Udo Dittfurth/Berliner S-Bahn-Museum
**August 1961. S-Bahn und Mauerbau**
160 Seiten, 145 s/w-Abbildungen,
12x20 cm, kart., Berlin 2003 **ISBN 3-89218-080-6** **€ 9,80**

Verkehrsgeschichtliche Blätter e.V.
Geschichte(n) aus dem Untergrund
**U5. Zwischen »Alex« und Hönow**
vb-extra
128 Seiten, 150 s/w-Abbildungen,
B5, kartoniert, Berlin 2003 **ISBN 3-89218-089-2** **€ 9,80**

Jan Gympel
Geschichte(n) für unterwegs
**U-Bahn Berlin**
256 Seiten, 186 s/w-Abbildungen,
12x20 cm, kart., Berlin 2002 **ISBN 3-89218-075-2** **€ 12,80**

Berliner S-Bahn-Museum
**Nord-Süd-Bahn**
Vom Geistertunnel zur City-S-Bahn.
Die Flutung des Berliner S-Bahn-Tunnels
in den letzten Kriegstagen
120 Seiten, 112 s/w-Abbildungen,
B5, kartoniert, Berlin 1998 **ISBN 3-89218-059-8** **€ 8,80**

Berliner S-Bahn-Museum
**Die Stadtbahn**
Ein Viadukt mitten durch Berlin
144 Seiten, ca. 180 s/w-Abbildungen,
B5, kartoniert, Berlin 1998 **ISBN 3-89218-046-6** **€ 8,80**

Berliner S-Bahn-Museum
**Strecke ohne Ende.** Die Berliner Ringbahn
128 Seiten, 175 s/w-Abbildungen,
B5, kartoniert, Berlin 2002 **ISBN 3-89218-074-1** **€ 9,80**

Verlag GVE

**Bestellfax (030) 78 70 55 10,**
**E-Mail: bestellung@gve-verlag.de**

# Ausstellung

**Unterwerk am S-Bahnhof Griebnitzsee**

geöffnet am zweiten Wochenende
der Monate April bis November
jeweils Sonnabend und Sonntag 11 bis 17 Uhr

Der Berliner Fahrgastverband IGEB
informiert 6 x jährlich in der Zeitschrift Signal
über die Aktivitäten des S-Bahn-Museums
und die aktuelle Verkehrspolitik
in Berlin, Brandenburg und anderswo

Einzelheft 2,80 €
Inlandsabo 16,00 €, Auslandsabo 20,00 €

**www.gve-verlag.de • Fax (030) 78705510**